經營顧問叢書 ㊉349

企業組織架構改善實務

任賢旺　李登宏　黃憲仁/ 編著

憲業企管顧問有限公司　　發行

《企業組織架構改善實務》

序　言

　　本書三位作者任賢旺、李登宏、黃憲仁皆擔任憲業企管公司經營顧問師，深知若企業的組織編制不改變、組織績效不改善，組織做法不修正，業務流程不順暢，而只在末節小做法突破，是捨本逐末之錯誤做法。企業必須把組織的改善著眼於能使企業獲得最大成果的狀態，以最大的彈性，靈敏地適應各種環境之變化。

　　本書內容全為企業界實務操作之案例精華，撰寫之主旨在於建立具有強大執行力的企業組織，本書不崇尚理論架構，全是企業界顧問師實務操作後的心得精華，加以濃縮精華。本書先介紹企業組織架構的原則，再分析如何找出企業組織的弱點，介紹如何改善企業組織之方法，並具體提出改善步驟，配合各企業的組織改善案例，使本書講解更明確，可提供企業界作最有效的參考。

業務流程是工作運轉的核心力，顧問師輔導企業的成功經驗，為你指出企業如何重新改善業務工作的運轉方式。

　　在當今多變的時代，世界處於激烈動盪，對企業產生重大影響，技術革新的快速步調，不斷變化的流通革命，情勢嚴重的勞力不足，薪資的高漲，都是足以致企業於死命的重大問題。

　　今後企業的課題，就是改變、改善企業的組織編制方式，要對應挑戰，採取求新、求變做法，以挽救其企業命運。

　　經營組織是企業經營活動的基盤，也就是一切經營問題的根源。大多數的企業，都在想盡方法處理叢生的問題，著手改革其組織。但是，他們的組織改善，僅僅是為應急而整頓落伍的組織改善。換句話說，只是抄襲、模仿外國企業組織的體制而已，換湯不換藥，也絕對解決不了問題。

　　本書內容適合機構或企業部門主管、經營者、對企業組織績效有興趣之人仕加以研習。

2024 年 2 月

《企業組織架構改善實務》

目　錄

第 11 章　組織設計的職務權限 / 239

第 1 章

企業組織設計的原則

一、組織管理的基本原則

組織有兩個基本含義。其一是有一定目的、結構，互相協作，並與外界相聯繫的人群集合體。組織可以是營利性的機構，如各種企業組織，也可以是非營利性的機構，如大學、政府部門，非營利性的各種基金組織、事業單位。

企業管理者，應該明確組織中有些什麼工作，誰去做什麼，工作者承擔什麼責任，具有什麼權力，與組織結構中上下左右的關係如何。只有這樣，才能避免由於組織規劃職責不清造成的執行中的障礙，才能使組織協調地運行，保證團隊組織目標的實現。

18 世紀時，英國的經濟學家亞當‧斯密就提出了這個觀點。他曾用製針業的例子來說明分工合作能提高效率：無分工合作時，一個工人每天最多只能生產 20 枚針；分工協作後，一個工人平均

每天可生產 48000 枚針。至於現代的大規模活動，就非分工協作不可了。像第二次世界大戰登陸戰役，前方、後方、天上、地上以及各個兵種之間分工都非常嚴密，以飛機轟炸、軍艦炮擊為掩護，從空中、海上兩栖登陸，配合得十分嚴密，這樣，才取得了輝煌的勝利。

美國全國工業協會對企業的組織結構設計調查後，提出 12 項組織設計原則。

①從最高層到最低層之間，應有明確的權限及協調合作流程。

②各級主管人員的責任與權限應以明確的書面方式規定。

③責任與權限必須相對稱。

④責任不能因授權而減少。

⑤權限應儘量下授給下屬，使之能快速決策。

⑥組織的層數在合理的限度下，愈少愈好。

⑦直線業務單位與幕僚單位應明白劃分，以避免衝突及促進合作。

⑧管理幅度不要過大。

⑨依據配合產品產銷的技術特性，設立各種責任中心。

⑩具有充分的激勵性及挑戰性。

⑪儘量簡易。

⑫成本不要超過可能的效益。

二、 企業組織設計的原則

1. 任務目標原則

企業的組織設計，必須為實現企業的戰略任務和經營目標服務。這是一條總的指導原則。

首先，企業的任務、目標是企業組織設計的「出發點」。企業的組織體制和機構是一種手段，企業任務、目標則是目的，二者是手段和目的的關係。貫徹這一原則，應拋棄組織機構的「上下對口」和「整齊劃一」。機構和崗位的設置不應「因人設事」，而應當「因事設人」。做到：按任務，設職務；按職務，配幹部。

其次，企業的任務、目標也是組織設計的「歸宿點」。這就是說，衡量企業組織設計是否合理的最終標準，是看能否促進企業任務和目標的更好實現。

企業的組織機構，在完成任務目標的前提下，應當力求做到，機構最精幹，人員最少，管理效率最高。

現代管理同小量生產的經驗管理不同。小生產主要依靠增加勞力的數量來增加效益，故曰「人多好辦事」。

現代化的大生產及其管理，主要是依靠先進的科學技術及合理的分工與協作。這時如果企業的機構臃腫，人浮於事，不僅降低經濟效益，更重要的是造成辦事效率低下，程序複雜，推諉拖拉，助長官僚主義。因此，對現代管理來講，「人多是災難」，必須堅決加以克服。

2.指揮統一原則

　　企業管理體制和機構的設置，應當保證行政命令和生產經營指揮的集中統一，這是現代化大生產的又一個客觀要求。為了保證命令和指揮的統一，每一機構，如一個企業、一個工廠、一個科室、一個班組等，都必須確定一個人負總責並實行全權指揮，以避免多頭指揮和無人負責現象。各個管理層次應當實行逐級負責。一般情況下，不應當越級指揮。

　　管理人員劃分兩類。一類是直線指揮人員（如總經理、廠長、部長、科長、工廠主任等），他們擁有指揮權，可以直接向下級發號施令；另一類是參謀職能人員，他們是同級直線人員的參謀和助手，沒有對下級的指揮命令權，對下級只能實行業務指導和監督，對下級的命令必須通過同級的直線指揮人員下達，這樣可以避免多頭指揮。

3.專業分工和協作原則

　　分工與協作是社會化大生產的客觀要求。現代企業的管理工作，工作量大，專業性強，分別設置了不同的專業科室，有利於把管理工作做得更深更細，從而提高各項專業管理效率，迅速培養一批專業化管理人才等。

　　現代組織理論認為，管理工作實行專業分工是必要的，但它同時也帶來了問題和缺點。主要是使辦事程序和手續複雜化，增加了各部門之間的協調工作量，助長專業管理人員的片面觀念和本位主義，造成有些管理人員負荷不滿等。這些都導致了管理效率的下降。

　　因此，專業分工不是越細越好，而是有個限度，即有利於提高工作效率。當分工未達到這個限度時，專業分工帶來的是利大弊

小；一旦超過這一限度，則將弊大於利，管理效率反而下降。判斷企業管理中專業分工合理程度的主要標誌，就是看企業實踐中管理效率的高低。

有分工，同時必須有協作。在分工的條件下，各項專業管理之間有緊密聯繫，但是伴隨專業分工而來，各專業管理部門之間，會在管理目標、價值觀念、工作導向等方面產生一系列的差異，必須在企業組織設計中十分重視部門間的協作配合，加強橫向協調，才能提高管理效率，才能保證企業整體目標和任務的實現。

4.集權與分權相結合原則

這是處理企業內部上下級分工關係的中心問題。這一原則說明，集權與分權是辯證的統一。企業的組織體制，既要有必要的權力集中，又要有必要的權力分散，兩者不可偏廢。

現代企業，內部份工細，協作緊密，生產經營活動的社會性強，這就要求在企業高層集中必要的權力，對企業生產經營活動實行集中統一的領導和管理。這樣做，有利於貫徹企業整體經營戰略和經營目標，有利於合理利用企業人力、物力、財力資源，提高企業經濟效益。

同時，又必須把一部份管理權限分散到下級組織。這樣做，有利於下級單位根據實際情況特別是市場變化，迅速而正確地做出決策；有利於激發下級人員和單位的積極性和主動性；有利於高層領導擺脫日常事務，集中精力處理重大經營問題。

因此，集權與分權是相輔相成，矛盾的統一，沒有絕對的集權。如果各項管理權力全部集中到企業最高層，則各級基層就不存在，就沒有管理層次了，也沒有絕對的分權。如果企業所有管理權力全

部下放到各級基層，企業也就不成為一個完整的企業，而變成許多獨立的「小公司」了。

這一原則，一方面說明集權與分權不能偏廢，另一方面，在具體執行時，那些管理權力應當集中，那些應當分散，集權與分權又應達到什麼程度？這些都應具體情況具體分析，防止不問時間、地點、條件，一律一個模式的「一刀切」偏向。上下級權力分工的形式、程度的確定，應當根據企業規模、生產技術特點、專業管理工作性質以及各單位的幹部條件和管理水準等因素來具體確定。

不同的行業和企業，集權與分權的情況應有差別程度；就一個企業而言，所屬各分廠、分公司也有大有小，情況各異，也應區別對待；一個企業處於不同的成長發展階段，集權與分權的要求也會發生變化，應及時作出調整。

5.責、權、利相結合原則

這一原則的要求是：首先要建立崗位責任制，明確規定每一個管理層次、每一個管理崗位，每一名領導人和管理人員的責任和權力。這樣做，有利於加強管理人員的責任感，有利於建立和健全正常的管理秩序。

其次，賦予管理人員的責任和權力要相對應。有多大的責任，就應賦予多大的權力。要防止兩種偏差：一種是有責無權或權力太小。這將影響領導人和管理人員的積極性、主動性，同時使其不可能使其真正負起應有的責任，導致責任制形同虛設。另一種偏差是有權無責或權力很大但不負什麼責任。這種情況，必然助長濫用權力和瞎指揮的官僚主義。

最後，責任制度的貫徹，還必須同相應的經濟利益結合起來。

為了激發管理人員盡責用權的積極性，還要實行必要的獎懲制度。工作有成績，應當給予必要的精神上和物質上的鼓勵；工作不好的，則要給予行政上和經濟上的處罰，嚴重失職的要開除甚至追究其法律上的責任。

以上各方面的激勵方式，經濟利益是最基本的和主要的。只有把貫徹責任制度同必要的經濟利益掛起鉤來，企業領導人和管理人員才有盡責用權的動力，責任制度才能貫徹和持久。

6.有效管理幅度原則

管理幅度是指一名上級直接領導的部屬人數。這一原則說明，一名領導人，受其精力、知識、經驗等條件的限制，能夠有效領導的下級人數是有限度的。超過一定限度，就不可能作具體、有效的領導。

管理幅度同管理層次成反比例關係。同樣規模的企業，如果加大管理幅度，即領導的下級人數多一點，則管理層次可適當減少；反之，則管理層次可能要增加。它們的關係可用下列公式表示：

管理層次 ＝ 企業規模 ÷ 管理幅度

一般地說，要儘量減少管理層次。因為層次多了，容易造成資訊失真，辦事遲緩和助長官僚主義。但是，層次的減少要受到有效管理幅度的制約，必須以保證領導有效性為前提。因此，有效管理幅度，是決定企業管理層次的基本因素。

古典管理學派的厄威克根據當時的經驗，把有效管理幅度確定為 5～6 人。其實，有效管理幅度並不是一個固定的數值。不同企業、不同職位的領導人，其有效管理幅度大小不等。它受職務性質、幹部素質、職能機構健全與否等條件的影響。如果是基層的領導工

作，素質好的幹部、職能機構健全的單位，它的有效管理幅度就可能大一些；反之，則可能小一些。

7.穩定性與適應性相結合原則

企業的組織體制和機構，必須有一定的穩定性，即企業要有相對穩定的組織機構、權責關係和規章制度，以保證企業管理機構能按部就班地正常運轉。這是企業能夠正常開展生產經營活動的前提條件。否則，企業管理機構朝令夕改，必然產生指揮失靈、職責不清、秩序失常等現象，而且人員工作不安心，臨時應付，更談不上積累管理經驗、提高管理水準。

但是，企業的組織體制機構又必須有一定的適應性，企業的外部環境和內部條件，會經常發生變化，要求企業組織有良好的適應能力，克服僵化狀態，能及時而方便地作出相應的改變，以適應內外環境變化了的新情況、新要求。

管理組織的穩定性和適應性是有一定矛盾的，正確的組織設計應當把二者的要求適當地統一起來。如果組織的穩定性差，企業內部組織陷於混亂狀態，這時即使有良好的適應性也不能起作用，企業將很快趨向失敗。反之，企業組織單有穩定性而缺乏適應性，如果企業的外部環境穩定少變，則這類企業可以生存和發展下去；如果企業面臨的是複雜多變的外部環境，企業將難以生存和發展，也必將趨向失敗。兩者的關係是，穩定性是基礎，應當在保持企業穩定性的基礎上進一步加強和提高企業組織的適應性。

8.執行和監督分設原則

這一原則要求企業管理中的執行性機構同監督性機構應當分開設置，不應合併成一個機構。例如，企業中的品質監督、安全環

保監督、財務審計等部門應當同生產執行部門分開，單獨設置機構。只有分開設置，才能保證監督機構起到應有的監督作用。

監督機構分開設置後，又必須強調在執行監督職能的同時，加強對被監督部門的服務職能。因為單純實行監督和制約，不利於雙方的關係，不利於監督性職能的履行。例如，企業的品質監督人員，既要嚴格把住品質關，當好品質檢驗員；又要熱心為生產部門服務，當好品質宣傳員和技術指導員，幫助生產部門改進和提高產品品質。

實行這一原則，同執行精幹高效原則有一定的矛盾。因為這樣做會增加企業中的機構和人員，使管理程序趨向複雜。一些行進企業在這方面進行了探索，它們的實踐表明，在具備了一定條件後，執行與監督分設原則是可以突破的。

三、企業組織層面常見的病態

組織並不是根據一時的需要隨便加以變更的，必須著眼於對企業將來的展望上，確是看到可以滿足現在以及將來的必要性時，才可以改變或改善組織。真正的目的是達成企業的目的，所以只要隨時注意維持住一個組織的有效性，使其隨環境的變化而逐步修正或發展，這才是正確的改革組織的觀念。

不同的企業或同一企業在不同的發展階段中，都應根據各自發展的目標和所面臨的不同環境，設計和選擇不同的組織結構和模式。

目標決定戰略，戰略決定結構，結構保證戰略和目標的實現。

當戰略、目標發生了變化，結構就要進行變化。當結構不能支撐企業戰略與目標的實現，結構就要進行變化。

任何一個企業在選擇了理想的組織模式後，也並不能說這一組織形式就與企業的運行相適應，因為組織形式的設計、選擇和組織管理還要與實際運作相一致。有了好的組織形態卻沒有好的管理，組織也不能發揮出它的效能和效率。因此，在企業管理組織診斷時，除了在組織形式和結構上要進行分析，還要對構成組織的各要素以及影響的因素之間的關係進行分析。

沒有一個普遍適用的「最佳的」組織模式，不同的企業在不同的發展階段中，都應根據各自發展的目標和所面臨的不同環境，選擇出不同的組織結構。

有了好的組織形態卻沒有好的管理，組織也不能發揮出它的效能和效率。在企業管理組織診斷時，除了在組織形式和結構上要進行分析，還要對構成組織的各要素以及影響的因素之間的關係進行分析。

組織是一個人員操作系統，在運作中必然也會出現若干不適應，不同的企業由於其經營目標、方式和所處的環境不同，表現的病症也不一樣，企業組織常見的問題病症有下列方面：

1. 組織機構不適應企業發展的需要。

目前，企業已經或正在由生產型管理向經營開拓型管理發展。但是企業管理組織的結構形式沒有多大的變化，無論是大型企業還是中小型企業，多數仍然沿襲著傳統的直線—職能制的結構形式。直線—職能制雖然是企業管理體制下的生產型管理的企業，或者是實行分權式管理體制的大型公司的下屬生產單位的管理組織。也就

是說，企業管理組織雖然適應性比較強，但不是適用於任何企業。因此，企業管理組織結構形式，應隨著企業內外部條件和經營環境的變化而進行調整。

2.組織機構龐大、重疊、臃腫。

在一定的組織結構形式下，企業內部管理部門的設置和管理層次的劃分，應有利於提高工作效率，有效地達到企業組織的目標。但是，由於我們過去強調企業管理機構上下對口設置以及不注意從管理組織總體的合理性調整機構，從而管理機構龐大，不僅管理層次多，在管理層內也往往存在著一些多餘的部門、多餘的管理崗位、多餘的人員。這樣，必然降低組織的管理效率。

3.組織僵化、缺少活力

如果企業面對外界環境的變化而無動於衷，如果企業聽不到各種不同意見，如果企業決策緩慢、長期效率低下，那麼這個企業組織就已經僵化了，它可能已經喪失發展的活力，需要進行組織變革。

造成企業組織僵化的原因很多，其中最主要的是權力過於集中，挫傷了中下級管理者的積極性、創造性，限制了他們才幹的發揮。規章制定與執行過於刻板、內外信息在組織內溝通不暢也是造成組織僵化的原因。

4.管理者的任務、職權和責任不明

這是組織常見的現象，這種病症的企業，常常存在工作出現管理空白，工作無人負責，問題久議不決，問題互相推諉等現象。

在這種組織結構中，管理者的工作績效無法考核，沒有工作壓力，沒有考核標準，組織效率極為低下。

造成這種病症的原因，主要是對組織各部門和各崗位所承擔的

任務沒有進行認真的分析與合理的分解、合併；各部門沒有具體的職責、職權、責任的嚴格規定。

5. 命令系統的混亂

命令不能一元化而成爲多頭政治現象時，接受命令的方面將因爲無所適從而容易引起混亂。主管與部屬之間的關係，以至作業部門與幕僚間的許可權關係，有時甚至連帶幕僚助手的地位問題，也會成爲發生問題的原因。這大多是與命令權的行使問題有關，而大多數都是在發生問題以前的組織上各種關係的認定，以及許可權的劃分都沒有加以明確規定所致。

6. 命令系統的混亂

命令不能一元化而成爲多頭政治現象時，接受命令的方面將因爲無所適從而容易引起混亂。主管與部屬之間的關係，以至作業部門與幕僚間的許可權關係，有時甚至連帶幕僚助手的地位問題，也會成爲發生問題的原因。這大多是與命令權的行使問題有關，而大多數都是在發生問題以前的組織上各種關係的認定，以及許可權的劃分都沒有加以明確規定所致。

7. 部門主義的發生

人員如果缺乏自己是整體中的一部份的意識，各部門都有排外的傾向，這就造成了門戶之見，都只爲其本位工作設想。須知各部門努力的總和，才是促進全體的業績的基盤，因此，各部門要從全體立場著想。如果一切都存在門戶之見，就是組織不良的一個徵兆。

8. 管理幅度及管理層次設置不當

管理幅度的問題是組織設計時應注意的重要問題。任何一個管理性職位都應根據任務、環境、管理者和被管理者狀況等因素規定

一個適當的管理幅度。管理幅度過大過小都是不好的。但在目前的企業組織中,特別是在職能組織中,管理幅度不當的問題還是非常普遍的。管理幅度過大會造成指揮控制不及時,下屬等待指示時間過長,工作效率降低等問題。而管理幅度過小又會造成管理層次增多,為上下溝通增加障礙,同時還會使不必要的職能增加,形成人浮於事的局面。管理幅度小職位多還會增加協調的工作量,甚至會因此造成許多人事矛盾。

造成管理幅度過小的原因可能有兩個:一是欲增加管理職位而人力資源匱乏;二是管理強調集權而不願分權於別人。造成管理幅度過大的原因主要在於不是根據工作需要,而是憑主觀意願照顧關係而隨意增加職位、任命幹部。此外,在工作量不大的情況下,為追求「上下對口」而設置機構也會造成管理幅度過小。

9.職能部門的職責不清、相互關係不明。

工作範圍與責任未經明確劃分的時候,就容易引起組織上的混亂,工作的重覆,門戶之爭,責任的推卸等情形,經確認為事實時,組織就有改善的必要。

職能部門的職責不清、相互關係不明的問題,在企業中是普遍存在的。產生這種問題的原因,一是有的組織機構設置不合理,不是因事設人,而是因人設事;二是管理崗位的職責權限和生產經營管理制度不健全;三是組織運行中的流程不合理,不能及時地反映和解決管理工作中出現的矛盾。

造成職、權、責不符病症的原因主要是領導者過於看重集權的作用,在授權時強調了權力作用而忽視了相應的責任;在授權時由於對下屬的成熟程度不予肯定,而在授權時保留了部份權力,且同

時沒有減少下屬的相應責任；缺少下屬的相應責任；缺少嚴密、系統的工作任務的分析，在組織設計時對不同職位應有的職責、權力確定的不明確。

管理職責不清、相互關係不明，組織中管理部門和管理人員之間就會經常產生摩擦、扯皮，造成有些工作沒有人幹，而同種工作又多人去作，影響了企業管理工作的效率，也影響了職能部門管理人員作用的發揮。

職責不清，相互關係不明，還不利於對管理人員的培養和考核，致使各種激勵手段達不到激發人的積極性的目的。

10.工作流程不清晰

業務流程的調整和崗位的調整有非常大的關係，設定的絕大部份崗位是按照工作需要，即按照工作流程來設崗，而不是因人設崗。如果工作流程不清晰，崗位體系也將出現很大的問題。

11.在生產、銷售等方面發生瓶頸現象

不良製品太多，延遲交貨期的情形經常發生，庫存量異常增多等現象，一定是由於管理方面產生了瓶頸。致使這種瓶頸阻塞現象的發生，大多歸咎於組織問題。

例如，不良製品的發生，一定是由於執行品質管制的組織沒有確立，至於交貨誤期現象的一再發生，肯定是由於生產與銷售部門間的聯繫不善。庫存過多，當然是由於資材計劃部門不曾與生產計劃部門保持緊密聯繫所造成。

12.臨時性機構多。企業的組織機構由於多年沒有調整和改革，而當形勢發展，出現臨時任務等外部環境和政策等臨對性協調組織機構。

委員會有時是必要的，但是過多的委員會等臨時性機構的存在卻是分裂或授權不明確的結果，實際上是企業管理組織水準不高的表現。

四、組織結構的特徵因素

組織結構設計時的參數，包含兩類：組織結構的特徵因素及組織結構的權變因素。

組織結構的特徵因素，就是描述一個組織結構各方面特徵的標誌或參數。瞭解企業組織結構各方面的特徵，就是了解一個企業組織結構的基本情況。它是對企業組織結構進行比較和評價的基礎，是進行組織設計和諮詢的基礎。企業組織結構的主要特徵因素，有以下十個方面。

1.管理層次和管理幅度

一個企業管理層次的多少，表明企業組織結構的縱向複雜程度。大型企業，從總經理到一般職工，中間可能有五六個或更多的層次；而小型企業則可能僅二三個管理層次。管理幅度同管理層次的關係密切，管理幅度說明一名上級直接領導的下級人數。管理幅度少則為三四人，多則可達十餘人或更多。一般說來，管理幅度小則管理層次就會多一些，反之，則管理層次就少一些。

2.專業化程度

企業組織結構的專業化程度，就是企業各職能工作分工的精細程度。具體表現為部門（科室）和職務（崗位）數量的多少。通常說，某企業設置「6 部 2 室」的結構，或說某企業有 20 多個職能科室，

就是表示專業化程度的高低。同樣規模的企業，如果科室機構多，說明分工較細，專業化程度較高。

3.地區分佈

即企業在不同地區、城市設有生產工廠和管理機構的狀況。企業的地區分佈表明組織結構在空間上的複雜程度。如企業的全部組織機構集中在某一個城市，這是地區分佈最簡單的情況；如果在國內某幾個地區設有分公司、分廠或派出的管理機構，則地區分佈就較複雜些，如果不僅在國內各地區，而且在國外某一個或數個國家設有分支機構和辦事機構，則地區分佈就更為複雜。

某些老企業，其組織機構雖全部在本市，但由於歷史上的原因，其生產機構、倉庫、管理機構也分散在市內各區及郊區，也引起管理上的複雜性。

4.分工形式

各部門的橫向分工，不僅表現在分工的精細程度，而且表現在分工採取的形式上。在工業企業中，常見的分工形式有：職能制（按職能分工）、產品制（按產品分工）、地區制（按地區分工）以及混合制等，產品制及地區制又統稱「事業部制」。分工形式的改變，例如由職能制改變為事業部制，是企業組織設計和諮詢中的一個重大課題，因為它涉及的面廣、條件多、時間長。

5.關鍵職能

即在企業組織結構中處於中心地位、具有較大職責和權限的職能部門。關鍵職能對實現企業目標和戰略起著關鍵的作用。不同的企業可能具有不同的關鍵職能，有的可能是品質管制，有的則可能是技術開發、市場行銷等。有的企業則可能沒有明顯的關鍵職能或

組織設計中尚未明確關鍵職能。

6. 集權程度

當企業的經營決策和管理權集中在高層管理人員手中，表明這種組織結構的集權程度是高的；反之，如把其中相當大的部份放給較低的管理層次，則其集權程度是低的，或說分權程度較高。集權和分權都是相對的，沒有絕對的集權，也沒有絕對的分權。表明職權集中或分散程度的具體標誌有：生產計劃的品種、品質、數量的決策權；產品銷售權；外協決定權；本單位職工的招收和任免權；多大金額的固定資產購置和日常開支的財務決策權；多大範圍的物資採購權等。

7. 規範化(標準化)

指以同種方式完成相似工作的程度。不僅生產作業可以規範化，而且各項管理業務，特別是日常的事務性工作，一般都具有標準的程序和方法，也可以實現規範化。在一個高度規範化的企業裏，工作內容規定得很詳細，相同的工作職務，不論人員是否更換，但工作程序和方法不變，同時，相似的工作可以在各個部門或單位以相同的方式進行。

生產作業和管理業務的規範化，通常包括在企業標準內。在我國企業中，管理業務的規範，通常稱作管理工作標準。生產作業和管理業務的規範化程度，具體的可以用已經納入企業的作業標準和管理工作標準的數量及其詳細程度來衡量。

8. 制度化的程度(正規化)

它是指企業中採用書面文件的數量。它包括表明企業中各項工作的程序、方法、要求等的規章制度，以及上下左右間用以傳遞資

訊的各種書面文件如計劃、指示、通知、備忘錄等。所有這些，都是用正式的書面文件形式來描述組織的行為和活動。

在制度化（正規化）程度高的企業裏，各項制度用正式的經過批准的書面文件來加以合法化，上下左右之間的資訊交流也多採用書面文件的方式；而在制度化低的企業裏，各項工作和活動尚未制訂出正式的制度，或僅是領導的口頭決定或不成文的，企業中上下左右間的資訊交流多採用口頭的方式。

9. 職業化的程度

指職工為了掌握本職工作需接受正規教育和培訓的程度。如果企業中的多數職工需具有較高文化程度，或經過較長時間的職業培訓才能熟練地從事企業中某項工作，則這種企業的職業化程度就比較高。職業化程度通常可以用企業職工的平均文化程度（受正規教育的年限），以及進廠後的職業培訓期限來表示。

10. 人員結構

指各部門人員、各職能人員在企業職工總數中的比例情況。它通過技術人員比率、管理人員比率、中高級領導人員比率、基本生產工人同輔助生產工人的比率等來表示。

如表 1-1 是兩個不同規模的家用電器廠在組織結構特徵方面的區別的簡表。

其中，甲廠是具有 3000 人左右的企業，建廠已有 10 年，生產洗衣機、炊事用電器等多種系列的產品。而乙廠則為僅有 200 多人的企業，建廠僅 2 年，專門生產某幾種家用醫療保健用小電器產品。從表 2-1 中可以看出，兩家企業的組織結構特徵是很不相同的。

表 1-1　兩個廠組織結構特徵的對比

序號	結構特徵	甲廠	乙廠
1	層次和幅度	6 個管理層次,總經理管理幅度為 8 人	3 個管理層次,廠長管理幅度為 5 人
2	專業化程度	6 部 2 室,共 23 個科室	共 3 個科室
3	地區分佈	外省市有 4 個分廠和分支機構	全部在本縣
4	分工形式	(產品)事業部制	職能制
5	關鍵職能	品質管制	職能制
6	集權程度	事業部份權制	廠部集權制
7	規範化	已制訂和執行各項管理工作標準	管理工作尚未程序化、規範化
8	制度化	各項管理制度健全,書面文件佔較大比重	僅有財務、採購、倉庫等幾項基本制度,資訊交流絕大多數用口頭方式
9	職業化	平均受教育年限約 10 年,職工絕大多數達中專水準	平均受教育年限為 6.5 年,大多數職工為小學畢業水準
10	人員結構	技術人員 75 人,佔全廠職工 2.5%;基本工人同輔助工人比率為 4:1	技術人員 2 人,佔全廠職工 1%,基本工人同輔助工人比率為 9:1

以上十個方面的因素,概括地反映了一個企業組織結構的主要特徵和全貌,是調查和瞭解一個企業組織結構所應掌握的基本方面。

五、企業組織的管理幅度

（一）層級關係

一個組織，其結構就是脈絡一貫的職能結合體。而各職能的運作，有賴職能執行者必須依據其所賦予的職權，才能指揮他人貫徹其職責。因此，組織中的權責關係必須明確建立。

組織中，從最高至最低之所以形成若干權力階層，是由於組織內主管人員所直接控制的幅度受到限制。也就是，主管人員不可能凡事躬親處理，故需分層負責執行，因而導致若干次要權責的下授，但權力與責任的下授必須相稱，方不致造成有責無權或有權無責的現象，甚至影響組織的功能。一般來說，可用「分層負責」或「分權」等辦法來規定。

1. 主管的管理幅度

一般而言，一位主管的時間與精力均屬有限，依據經驗，一般常人直接管理的部屬最多為 5～6 人之間，得依下列因素進行調整：

⑴管理型態：如政策明確，職責分明，所辦事務多為制度性時，則可較多。

⑵直轄部屬工作性質：相同者則多，相異者則少。

⑶所轄地域：近者則多，遠者則少。

⑷部屬工作的複雜性：簡單或標準者則多，反之則少。

⑸指導與控制程度：寬者多，嚴者少。

⑹協調與配合程度：密切者多，反之則少。

⑺計劃範圍與繁簡：廣而繁者少，反之則多。

⑻主管配屬幕僚人數：多者則多，少者則少。

2.權責下授

主管可將次要權責下授方可擴大其工作領域。權責適當下授是主管人員最重要而且艱深的能力與技巧，其涉及領導者本身的性格、學識、經驗、心理……等主觀條件者頗多。換言之，領導人員必須具有寬大的胸懷，能夠有欣賞他人的長處和工作成果的雅量，同時，還要有不計一時之得失的長期看法，然後，授權才能徹底。企業中各級主管人員尤以最高層主管的授權最為重要。其授權要領如下：

⑴確立工作目標：使部屬瞭解其本身工作的意義及其權責成效影響。

⑵規定權限與責任：明確規定的權責應載明於有關工作手冊或辦事細則上。

⑶有效激勵屬員：上級若使其領導與授權有效時，則應掌握激勵要旨。

⑷授予完整的工作要求：明確的指示與瞭解，授予屬下處理細節的全權，上級主管僅要求最後成果。

⑸提供必要的訓練：工作能否有效達成，有賴於部屬的能力大小。

⑹建立適當的控制：授權則必須有適度的控制，依計劃而衡量其工作成果，並改正其偏差。

3.分層負責

一般指同一機構的上級主管對所屬下級人員授權而言。

⑴授權原則：

① 那項工作必須親自處理或決定。

② 那日常工作可授權屬員處理，必須有完善的報告制度。

③ 那項工作可授予屬員全權處理，事後亦無須報告。

(2)授權方法：

① 何人對此工作能夠做得與我一樣好或更好。

② 何人做此工作，時間上較為有利。

③ 何人做此工作，費用上較為經濟。

④ 例行性工作交予屬員去做。

⑤ 交給被訓練者去做。

⑥ 對外的工作親自處理，對內的工作則交屬員去做。

4. 集權與分權

一般指總機構對分支機構授權而言。

⑴集權或分權制度的採行：職能式組織與分部式組織均可採行集權或分權制度，須以發揮組織功能為前提。一般多以「權責劃分」的辦法來說明機構間權限的規定。

⑵集權與分權程度上的劃分：在組織中既無完全的集權，亦無完全的分權，只是權責集中或分散的程度大小而已。分支機構所能做的決定愈多、愈大、愈廣或上級機構對下級機構所作的決策加以檢核的愈少，則分權的程度愈大。

(3)集權制度的優點：

① 易發揮個人的領導：小型企業處於競爭的環境裏，隨時必須把握機會，充分適應業務的發展，可獲得較大的經營彈性及效果。

② 易統一經營：對貨品的訂制及調度能夠收到集中管理之效。

③ 加強專業人員的運用：對財務、採購等資料處理得以集中。

④便於應付緊急措施：對於市場變化或災害等則易於全力應變或調整。

(4)集權制度的缺點：

①企業機構愈大，層次愈多，製作決定則愈緩慢。

②牽涉多，權責混淆，欠積極。

③幕僚集權易生本位意識，影響企業目標。

④強求一致，不能適應單位的特性及環境。

(5)實施分權時機：

①高級主管業務負荷過重時。

②地區性或個別性產品加強時。

③業務性質變化大時。

5.實施分權應有的措施

(1)分權之中應有適度的集權

①有關計劃：企業的整體目標、政策、方案、預算及分支機構的長期計劃等。

②有關組織：新組織的設置或重大變更。

③有關協調：各機構間的協調方式。

④有關控制：對分支機構的考核。

(2)須有健全的協調及聯繫制度

此類制度可使分支機構不致脫離總目標或形成本位主義，甚至於上級對下級產生隔閡，故除財務已有各式報表外，其他業務亦應比照制定報表等聯繫方法。

(3)有完善的控制制度

總機構得以目標、預算或盈餘等作為控制與考核的標準。

⑷須盡力培植通才的經理人才

通才的經理人員乃是分權制度的基本要件。

六、企業組織的直線與幕僚職能

直線組織在企業機構中直接負責完成目標的職能；而幕僚組織則在組織中用以協助直線部門有效達成企業目標的職能。

近代企業組織，尤其高級領導階層，為了適應企業複雜環境，而仿照軍事組織增設幕僚職能。直線單位（為達企業目標者）如同軍中的部隊（為完成軍事目標者），幕僚組織（協助企業領導者策劃經營管理等任務者）則如軍事機構的參謀組織（協助指揮官策劃作戰及後勤任務者）。

企業生產與銷售部門屬於直接職能，而人事、會計、採購、品質管制、工程、法律、公共關係、運輸、秘書等部門則屬於幕僚的職能。二者所司職能雖不同，但其對企業貢獻的重要性則是相同的，所以幕僚的運籌帷幄對企業經營管理至為重要。同時，幕僚與直線間的協調關係是組織整體有效運作的關鍵所在。有許多企業領導者卻因不瞭解組織功能或不尊重組織原則，導致直線與幕僚間的職能、職權、職責的關係相當雜亂，甚至在直線與幕僚之間產生偏愛現象。一般來說，業主對生產及銷售部門較幕僚部門重視，造成主管間心理不平衡，影響幕僚人員潛能的發揮，宜謹慎為之。

1. 直線與幕僚職能職權混亂的原因

⑴雙方組織型態的混淆：任何組織中均有直線與幕僚的綜合存在。換言之，就是直線組織中有幕僚存在，幕僚組織中亦有直線存在。

⑵雙方職能職權的矛盾性：幕僚職能性的職權幾乎涉及每一項業務。當一位幕僚與一位直線主管之間，對對方的工作中具有一些職權時，於是在行政管理上就難免產生或多或少的干涉。因為彼此的立場、心理、觀念的不同，而導致彼此對對方的職權不能完全認同，遂即產生職權衝突的問題。

⑶雙方職權區分不易：幕僚業務行為上必須具有某種程度的法理或常規的一致性，因此幕僚人員必須是一位具有足夠該項職能能力的「專家」，方能依照規定程序予以執行業務。但何者須由專家去控制？以及何者須由該部門主管來管轄？其區分界限確實不易。

幕僚權力過度擴張，可能破壞指揮統一的原則，甚至使主管的職能癱瘓。但直線主管權力超過某一程度時，亦勢必破壞組織制度或規定，因而形成特權，致使組織對事務的處理既不一致，亦失允當，導致對人而不對事。

2.直線與幕僚職能性職權關係調和的方針

⑴成員訓練：企業組織中每一成員都應瞭解其本身的職能身份，位於直線主管時才具有某種程度的製作決定權力，並有權透過各階層所屬發佈命令。若是幕僚身份時，其工作則限於建議而非命令。幕僚建議如獲准實施時，也只能以上級主管名義行事。在觀念上，直線與幕僚都是奉命行事，在感受上，彼此理應增進諒解。

⑵制度規章的建立：幕僚應在組織制度及規章方面多加研究與制訂，使組織內各成員的作為有所遵循。大家都在軌道上運行，可

降低許多權責衝突或推諉。

　　⑶雙方觀念需要正確：幕僚業務標準涉及組織的全體，凡事應就企業目標整體利益著想，而不許存有本位主義。遇事心存公正，行為則依據制度規章行事，同時更要謹慎運用幕僚職能職權，並尊重直線主管指揮的統一原則。由於直線主管職能職權的完整性，對其領導統御的權威十分重要，可直接影響到組織的功能。

　　反之，直線主管亦應瞭解並尊重幕僚人員的權轄範圍，幕僚單位間接代其直線上級執行「控制」業務，也是發揮組織功能的作為。否則組織功能運作既不圓滿，又困擾高級主管的精力與時間。

七、企業組織的職稱

（一）職務名稱與身份名稱

　　1.職務名稱：職務名稱亦即職位名稱，可依據組織中所設立的職務而訂定，如總經理、經理、廠長、課長、秘書……等，多偏重主管級職。

　　2.人員職稱：亦即人員身份名稱，用以表示人員身份者，如工程師、副工程師……等。

　　職稱可分為「技術」與「管理」兩大類，例如：

　　①技術：工程師、副工程師、助理工程師、工程員、作業員。
　　管理：管理師、副管理師、助理管理師、管理員、書記。
　　②技術：工程師、助理工程師、技術員、作業員。
　　管理：管理師、專員、業務員、管理員、辦事員、工友。
　　③技術：一等工程師、二等工程師、三等工程師、四等技術員、

五等技術員、六等技術員。

管理：一等管理師、二等管理師、三等管理師、四等辦事員、五等辦事員、六等辦事員。

3. 工作職稱：在辦理職位分類及工作評價的企業，將工作按性質分為若干「職系」，如電機職系、化工職系、會計職系⋯⋯等。擔任該職系工作人員的職稱，也冠以職系名稱，如電機工程師、化工工程師、會計管理師⋯⋯等。

（二）人員編制的訂定

編制人數應有計算標準，使核定時具有適當的準繩。事先對同業中相對產品的工作效率予以調查，作為計算標準。

編制依企業為業務需要所訂定僱用從業人員的人數。因用人費用是生產成本之一，應當有所限制。如遇業務消長，自可調整編制。

八、組織計劃與改善

唯有使企業最容易達成目的的組織，才是我們所追求的。事實上，各個企業莫不在追求著一個能夠滿足現在、適應未來的理想組織，使其發揮力量，順利達成企業的目的。

所謂組織計劃，乃是企業長期對於組織的計劃。在研擬這一計劃之前，先要設定一個能達成企業目的的最有效的理想組織，然後再同時為實現這個理想的計劃，定下一個實行組織的計劃來。

最近，企業界對於應有的企業意識的想象力，以及實現這種想象的長期經營計劃，都格外重視了。當然，企業計劃是其中不可缺

少的一環。大多數企業雖說做得不夠充分，但是都有一個長期的計劃，而且也對這長期計劃的實施非常關心。可是看實際的運作情形，一般對組織的計劃卻都不大注意。而組織是實現一個經營計劃的唯一手段，如果經營計劃不與組織計劃連接，同時加以編訂的話，要想有效地達成經營計劃，必定遭遇莫大的困難。現實中大多數的企業組織，多是自然發生的，只是聽其自然地管理著，其中有的並不能配合企業的成長發展，反而遭受到組織的阻礙。

沒有組織計劃所招致的最大弊害，是必要的人才無從培養。如果能配合著經營計劃而制定組織計劃的話，那麼必要的人才需要多少？對其能力的要求又如何？很明顯，要事先予以培養以備使用，並不是一件困難的事了。

反之，如果沒有制定組織計劃，這些必要的人才，因為沒有培養計劃為根據就告欠缺。一旦企業成長了而需把組織擴大，但卻因為那些主要的領導人才沒有著落，也就無法完善地推動並運用這擴大了的企業組織，要想在經營管理方面獲得完善的效果，當然無異於緣木求魚了。

所以為了使經營計劃得以實現，合適的人才得以養成備用，絕不可欠缺組織計劃。同時，一個企業的組織也決不可以隨著任何人一時的心血來潮而隨意改變，必須經常使與達成企業目的的進程關聯起來，隨著發展的形勢加以研究、改善而使其隨企業的發展而發展。即使只是組織的部份修改，在其發揮效果以前也必須經過一番相當時間的審察，才可作決斷。至於全面化組織的修訂，其本身就要花上三、五年的時間，至其效果的發揮，則更要在數年以後才可見端倪。如果沒有計劃而突然變更組織，必將引起極度的混亂，甚

至可能導致企業的危機。

組織計劃，原意是在組成一個能在達成企業目的上最有效果的組織。所以，計劃的步驟須注意：

①把企業體制的必要性與企業目的聯繫起來，明白地指出。

②對現行組織的情況與成效加以調查、分析，把握住應該改善的問題。

③考慮構想一個理想的組織。

④擬訂出一套從現行組織進入理想組織的實行計劃。

⑤實施的方法。

至於計劃的內容，應著眼於如何才能達成企業目標。先定下一個組織的基本構造，然後把職責的劃分，如何授權，對於結果應負的責任等一一加以明確規定，確立集團與個人間各種適當的關係，並按計劃的需要額制定各級各種人員數量。

日本的高宮普教授，對於企業組織計劃的內容，列舉出下列各要點：

①目標、方針的制定。

②組織構造的制定。

③各職位的職務、許可權、責任、與各種關係的制定。

④業務活動與許可權範圍的制定。

⑤配合組織計劃需用的人數計劃。

⑥配合組織計劃的教育訓練計劃。

第 **2** 章

企業組織的劃分

一、企業的縱斷劃分與橫斷劃分

　　組織的構造包括橫斷面與縱斷面的分法。縱斷的分法是部門化，這是從工作的種類、性質、工作量而所作的分類。與此相反的是橫斷的分法，就是階層化，可以看作是因工作的質之不同而劃分的分類方法，在設置組織的時候之是以這兩者的兼相考慮爲基本的。

　　組織產生的要求是由於超過了企業主個人的能力而發生的。即企業中工作的量與從業員的數目達到了某種程度，企業主無法獨自來管理工作與部屬時，於是就把工作根據其種類、性質、數量諸因素，予以劃分成集團，將這區分後的工作，交給幾個可資信賴的部屬，以「長」的地位，全部交由這些人去負責處理。部門化與階層化就從這裏產生了。

1.組織的縱斷劃分

所謂部門化，是企業如何來劃分必須要做的工作，將劃分的工作分配給那一個單位去做的問題。換句話說，也就是把分配給各組織單位工作的種類、性質、範圍，加以分別限定，劃分的基準不管放在那一方面，組織總是採取一種縱斷的劃分形式。

圖 2-1 部門化（縱斷的劃分）

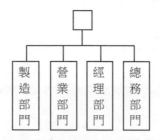

圖 2-2 部門化（縱斷的劃分）

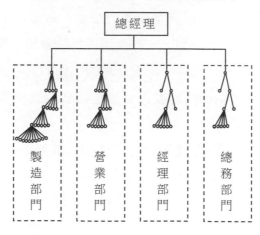

例如要從機能來作基本劃分時，組織就像上圖那樣，採取一種縱斷的形式。若因組織規模要求龐大須做細分時，不管是採取怎樣

的劃分基準，進行第二、第三，甚至作第四級劃分時，還只是縱斷劃分的細密化而已。

　　像這樣劃分的部門化組織，其在構造方面的基本性格，可以說是縱斷的系統劃分。

2.組織的橫斷劃分

　　隨著企業的發展與成長，就發生了組織的成長。在這過程中，企業主交付給別人去做的事，會繼續不斷地增加。開始時受命分配到工作的人，到了超過其負擔能力時，把其中的一部份工作，劃分給另外的人去負擔。等到另外的人又不勝負擔時，再度又劃歸一部份人去做，像這樣到了工作人員負擔能力限界必須分割工作時，組織的階層化就形成了。

　　把組織和管理的階段劃分對照起來觀察，就像圖 2-3 所示可以劃分為經營層、管理層、監督層、作業層等四階層。人員負擔能力的限界，是和這樣的階層劃分法相應的，圖 2-3 之例就可明白表示，階層化是組織橫斷分法的，也就是階層化組織構造的基本性格。

圖 2-3　階層化（橫斷的劃分）

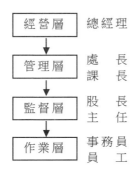

經營層　　總經理

管理層　　處　　長
　　　　　課　　長

監督層　　股　　長
　　　　　主　　任

作業層　　事務員
　　　　　員　　工

圖 2-4 組織的基本構造部門化與階層化

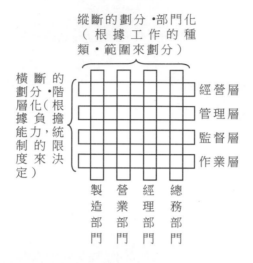

二、企業的部門化劃分

企業的目的，首先企業主把所要達成的目標明白指出來。由此，把各組織機構必備的機能加以明確化，之後構成這些機能的各種也就能清楚確定。部門化，即是各種活動的分類，各種活動的集團化，集團化活動的分配等問題。各種活動的分類、集團化，並非是把企業內要做的工作，加以怎樣劃分的問題，以及把那些已經劃分了的工作，分配到什麼單位執行的問題。

1. 依照工作的劃分

企業的目的，簡單地講就是企業到底要做些甚麼事的打算，目的明白規定以後，企業組織應有的機能，也就自然而然明確了。一般劃分工作的基準，有下列幾種：

- 機能
- 地區
- 製品
- 客戶
- 工程、設備

(1)按照機能來劃分

　　這是企業在展開經營時,把經營機能作爲中心來劃分工作的辦法。各企業經營機能皆不相同,但如果是製造公司的話,儘管產品各不相同,在本質上大致可分爲生產、銷售、財務等三項機能。

　　如圖 2-5 所示,名稱雖然有製造、營業、總務等的不同,而其基本機能,總不外乎生產、銷售和財務。

　　這樣根據機能的分配工作,第一次劃分,普遍總是把那些對於企業最基本的機能,作爲其劃分中心。第一次劃分,如果還未能容納所有工作的話,例如承辦這些被劃分工作的單位,超過了負擔能力的話,就得作第二次的劃分。第二次劃分,是依工作重要性的次序來決定的。在上面這張製造銷售公司組織圖中,是以製造、營業、總務這三個機能作爲中心,作了第一次劃分的。其後就更進一步,把製造部門,又作第二次的劃分,分爲計劃、採購、倉庫、製造等部份,營業部門又分爲業務、推銷等部份,總務部門又分爲總務、主計等部份。同理,應實際需要還可作第三、第四次的劃分。

　　這樣根據機能的工作劃分,可以說是被採用得最廣的。不過只是單純地根據機能來劃分的方法,除了小企業另作別論外,一般是很少見的。

圖 2-5 製造銷售公司組織圖

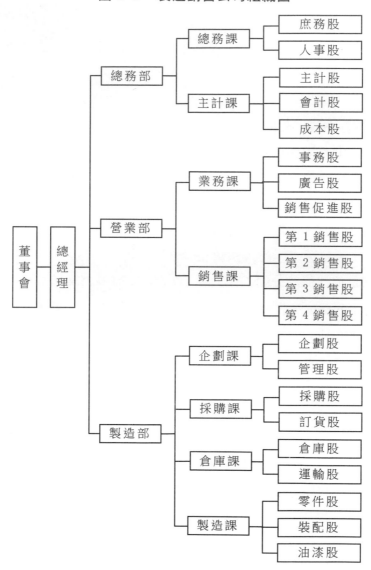

　　在組織圖中，像銷售課大致是以地區別、顧客別來劃分爲課以下的股，在製造課則是分成了製造產品的股，裝配零件的股，更有油漆那些裝配好產品的股，是以工作過程爲中心而在課內細分爲股的，像這樣把工作在整個組織內各依其單純的機能而劃分的，是相當少見的。如果看來只限於組織的某一階層（Level）的組織，這樣的情形幾乎是在每一企業裏都可見到。特別是在組織的最上層部份，可以說一般都是以這樣依機能來劃分的。

　　那麼，採用這種根據機能來劃分工作的理由，到底在那裏呢？①這種劃分方法之所以適用於企業的最高經營層，乃是因爲企業的重要機能都掌握在最高經營者手裏，應用這種劃分，無論在工作上的調整或是管制都能很快地反映出來；②因爲是以特定機能爲中心劃分工作的緣故，就可發揮特定機能專門化的效果，促進能率的提高；③以機能作爲中心來劃分工作，很早就經各企業實施，所以，在經驗上可以說具有其安定性。

　　不過，也不能說這種劃分絕無缺點。①各機能的專門化反而受到本位主義的束縛，所以就有失去協調性的危險；②其結果就不能把企業作爲綜合體來觀察，無法養成具有綜合眼光的下一代經營後繼者。特別是在企業規模擴大，企業活動範圍更廣的時候，根據機能的工作劃分，其弱點也將隨之擴大。

　　也就是說，當企業的規模還小，只須經營少數幾種製品的時候，以機能爲中心來劃分工作的方法，不失爲適當的方法。它可促使專門化的推進，而且也容易調整組織，可以說是很經濟的。同時，由於經營者能夠自己掌握企業的主要機能，也大可以發揮其獨特的經營手腕。可是，到了企業規模擴大，製品多角化以後就會發生經

營決策的遲緩，各機能間失去協調，而且無法作有效的管制。

(2)按照地區來劃分

這是以特定地區爲單位來劃分工作的方法。根據地區因素來劃分，以每一個地區設一單位爲其工作的中心。這種劃分法，以經營活動的地區範圍廣，本身規模又龐大的企業，採用得比較多。特別是近年來逐漸爲大家所注意的世界性企業（World Enterprise），幾乎全部採取這種組織劃分法。

例如，美國的 IBM 公司，這是一家活動範圍遍及全世界，以國際企業等著稱於世的大公司，所以它就以地區來劃分。它先劃分爲遠東地區，歐洲地區等的大地區，後又再細分爲中華民國、日本、德國、法國等地區。同例，也可以政府派出在國外的機構、百貨公司、連鎖商店、保險公司、汽車銷售公司等的地、區分支機構也如此實行。總之凡是以地區劃分來開設分店、地區事務所，而在該地區內獨立經營事業的，都是這樣把工作以地區來劃分的。

像這樣以地區的範圍來劃分工作的方法，也適用於下列各種情形。

①使事業分散於各地區後比較經濟（節省運費，如水泥公司、石油公司等；爲了求服務的普遍，如政府的分支機構、保險公司等；爲了維持貨品新鮮，如食品公司等）。

②事業受地理條件支配的（如各地河川、港灣的利用，石油公司等，容易購得原料的乳業公司、礦業等）。

③地區的習慣、顧客的愛好不同的（如百貨公司、連鎖商店等）。

④可以減低成本的（如工資，地產、價低的地方）。其他如與

地域的社會可以發生有利關係的，或對培養下一代經營方面有利的
地方。

⑶按照製品來劃分

這是以特定的製品，或是以服務作爲一個單位，來劃分工作
的。特別在製品、服務進入多角化的時候，或是某一特定製品以及
服務的提供，需要高度專門知識或技術的時候，被廣泛採用，尤其
是大規模的企業，都有採取這種劃分法的傾向。

2-6　美國通用公司乘用車集團組織圖

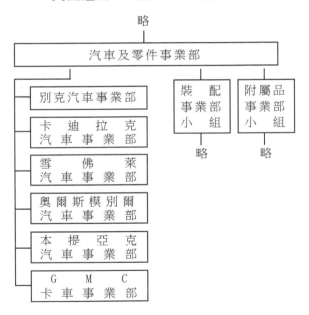

專門銷售商品的公司、汽車公司、電器公司、化學公司、醫院
等，採取這種劃分工作方式的相當多。還有百貨商店、連鎖商店，
即使在第一次劃分時，採用地區劃分法，但到了第二次劃分時，就
把經銷的商品，劃分爲洋貨、雜貨、傢俱、綢緞布疋等等各種細部

了。

　　圖美國通用公司，如圖 2-6 那樣，把乘用車事業部，完全以車種的不同來劃分，每一種牌子的汽車，構成一個事業部。還有日本的東麗，正積極向製品的多角化發展，把劃分的基礎放在塑膠、纖維等上面，同時還把纖維另外以機能爲劃分中心，自成一個生產銷售部門。

　　像以特定製品及服務爲中心的部門劃分，在製造及銷售方面，或從事服務方面，把必要的工作集中在一個部門，這不但對調整較爲便利，同時更有利於固有的專門知識與技術的促進。

　　(4)以顧客爲中心來劃分

　　這是一種以顧客的不同來劃分工作的方法，而與以製品劃分的制度有許多一致的地方。例如電器公司的重電機器，劃分爲產業用部門，輕電機爲一般家庭用部門，又如建築公司的建築大廈，分爲公司用、政府單位用，把一般住宅則劃分爲家庭用部門等等，像這種以製品來劃分的方法，是與以顧客的不同而劃分部門的方法，極其類似。

　　在經營貨品銷售的公司所常見的工作劃分方法，也是以批發與零售，或是以婦女用品，男人用品，兒童用品等方式來劃分的居多。其他如廣播、電視也是一樣，那種把節目賣給分門別類的客戶的做法，實際上也是一種以顧客來劃分的方法。

　　(5)按照工程、設備來劃分

　　這是一種以工程或設備來劃分工作的方法。在製造業方面的下層組織，多半以這種劃分方法來組成的。例如以零件的加工、裝配、油漆工作來劃分的（參照圖 2-7 中的製造部製造課）。也有以車床、

旋盤等設備來劃分工作部門的，而工程與設備，好多是劃歸一個部門的。

　　在鋼鐵公司、化學公司、纖維公司、機械公司、食品公司的製造部門內所常見的工作的劃分方法，主要是爲了方便與經濟，才採取這一類型劃分法的。

圖 2-7　製造銷售公司組織劃分例圖

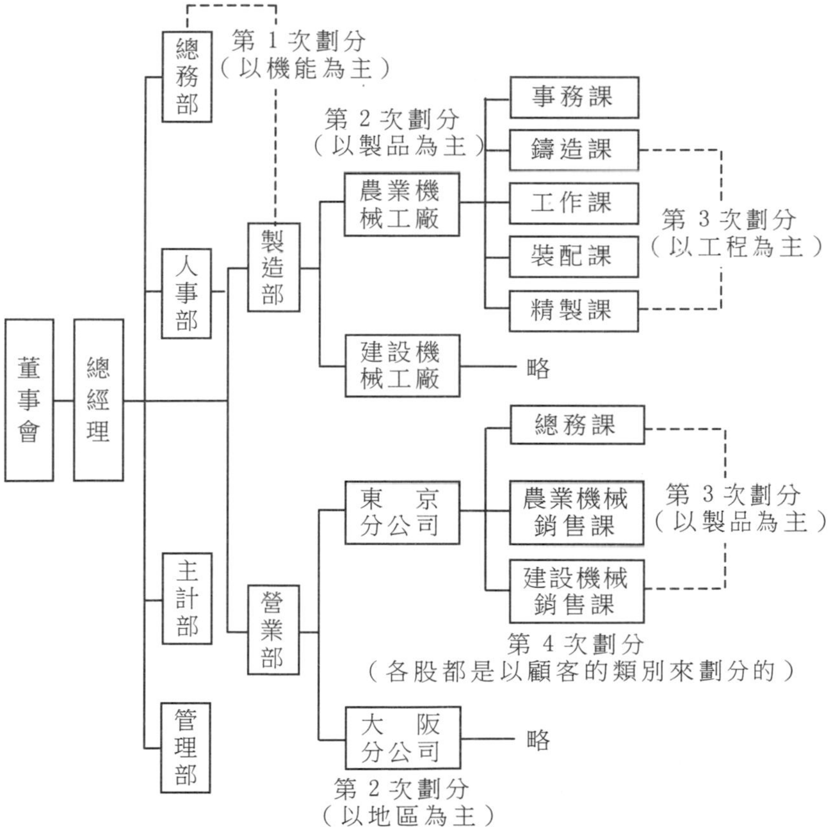

2.部門劃分的基準

到底該採用那一種劃分方法,是要看情形來決定的,這些劃分方法,各有其長處與缺點,同時也不能作爲唯一適當的方法。應用的時候,必須要考慮企業的種別、規模、經營者的企圖、構成人員的性格以及其他的情形來決定,最重要的是程度問題。只是有一個最基本的原則,就是無論如何一定要做到在達成企業目的的基礎上成爲最有效的劃分方法。至於劃分的中心問題,必須要在管理者的心目中,認爲那種方式在調度上最爲方便。

從表 2-1 看來,組織的頂尖部份所作的第一次劃分,全部都是以機能來劃分的。大規模企業以及多角化經營企業者,除了採取以機能爲中心的劃分方法以外,同時還採取以製品來劃分的也不在少數。然而其財務機能,由於性質的關係,幾乎無例外都採取以機能爲中心的劃分法。

第二次劃分,以至第三次的劃分,就可以看出在銷售方面傾向以把地區爲中心的劃分法,以及以顧客爲主的劃分法。而在生產方面,則以製品爲中心的劃分方法較少。財務方面在第二、第三次的劃分中,仍是以機能爲中心的居多。

最後一次劃分,則是以機能爲主的佔多數。一般來說,最後一部份的劃分在生產方面都是採取以工程、設備爲主,在銷售方面,則是以地區、顧客爲主。

總之,企業內部的工作劃分,大多數並不實施單一劃分,而是採用複合式的劃分方法。至於各階層內到底應該採取怎樣的劃分方法,是以最能夠有效達成企業目的,爲其無上的目標。換言之,不論採取什麼步驟來劃分工作,都要以配合企業目的的達成,爲至高

無上的原則。

表 2-1　組織機構各階層內的劃分典型

機能的部門	組織的階層				
	第 1 階層	第 2 階層	第 3 階層	第 4 階層	第 5 階層
生　產	機　能	機　能	設備或機能		
	機　能	製　品	機　能	機　能	
	機　能	製　品	製　品	機　能	
	機　能	地　區	機　能		
	機　能	顧　客	機　能	機　能	
銷　售	機　能	機　能	機　能		
	機　能	地　區	地　區	機　能	
	機　能	地　區	地　區	顧　客	機　能
	機　能	顧　客	地　區	地　區	機　能
	機　能	製　品	地　區	地　區	機　能
財　務	機　能	機　能			
	機　能	製　品	機　能		

註：從事於單一製品的企業或小型企業

三、企業內的工作分配

　　一個企業要做的工作（function），不管是以機能、地域、製品、顧客，還是工程、設備爲中心而分配，組織基本的構成亦即完成。雖然已經有了部門化的基礎，可是還沒有把部門化作最後的決定。儘管決定了工作的劃分，實際上還有些不會決定所屬部門的工作（activity）尚待決定。引起爭論的這些還沒有決定所屬的工

作，有採購、倉庫，檢查、運輸、廣告以及其他等等。要解決這問題，就要把每一種工作的具體內容和性質進行研究，明確其究竟分屬於那一個部門比較合適後，才能加以決定。研究歸屬這個工作的基礎，是（a）工作的類似性；（b）工作的關聯性；（c）其他。

1. 根據工作的同一性、類似性來劃分

一般以工作的性質，完全相同或類似的，就把他們作爲同一集團劃分在同一部門裏。

例如文書繕寫事務、會計事務、銷售活動、以及製造場所特定機械的操作與運轉，也是上述那種難以歸屬的工作，而一般對文書繕寫事務的工作，就把有打字技術的人歸到一起，隸屬於同一個部門。

還有，從事銷售活動的人也是一樣，因爲這是需要有商品知識與推銷技術的，所以應該把具有這方面能力的人，或是受過訓練的人分配到這個部門，作爲推銷員隸屬於銷售部門的同一集團。

把圖 2-7 的製造銷售公司組織的劃分例圖，再要加以細分時，圖中的第二次劃分，就以地區爲主，營業部門就以劃分爲東京分公司、大阪分公司等的方式來處理。再作第三次劃分時，就以製品爲中心來劃分，第四次是以顧客類別來劃分。在第四次劃分時，建設機械推銷課，把銷售的實際活動，分爲民間的一般建設爲對象的民需銷售股，以公共團體爲對象的特需銷售股，就是以顧客的類別劃分的例子。而把附帶發生的銷售事務，另設事務股，專門負責處理一切推銷上的事務性工作，讓所有推銷員專管推銷的實際活動。

規定各種單獨的工作隸屬部門在組織的低階層，就這樣以工作的同一性、類似性來處理。根據這種同一性、類似性的工作劃分，

多在組織的派生部門裏，比組織的基礎部門階段應用得多。在高階層的組織部門裏，主管的工作總是範圍廣而又多樣性，就不能這樣分法了。

還有，即使在組織階層低的部份，也不一定非用這種同一性、類似性的分法不可。例如打字稿件的內容非常特殊，必須要有高度的熟練技術，或是經常有一定很多數量的，希望操作的人效率特別高，工作無瑕疵的，像這樣能力好的打字員就有必要劃歸一個特別部門專司其事。

2.根據工作的關聯性來劃分

這是根據工作的相互關聯性，來決定其工作所屬部門的方法，實際說來這是最容易的方法。因為這種根據工作的關聯性來劃分工作的辦法，並沒有一個明確的基準。个過，要採取這種劃分方法的原因，倒是可以由以下幾點加以解釋。

①從方針出發的觀點

方針是決定目的的指標，所以當要採取實際活動的時候，在決定目的的過程中，一定要尋求出適當的具體方針來不可。只是這個方針的實施過程中，一定要向工作者解釋得確當。但實際上，在解釋方針時，有關部門主管或是主辦人的意見，往往和解釋方針的人的意見大有出入。所以，那些與重要方針有關係的工作，或是那些經常在解釋方面會引起爭論的工作，還是劃分到較高階層，可以政策性解釋的部門去為宜。

例如，一家專門銷售貨品的公司的銷售方針之一，是要與顧客保持良好的關係。在這種政策方針前提下，如果發生顧客對於所購物品表示不滿而引起糾紛時，問題的發生根源以及責任的歸屬到底

該由採購部門來處理呢，還是由銷售部門來處理呢？然而，不論這其中的任何一方來處理，大致都可能收到暫時效果，仍可勉力與顧客維持良好的關係。因為銷售部門總是經常尊重顧客的立場而採取讓步，但從公司內部運營來講，事情的全部責任，也許應歸採購部門負責。而採購部門卻未必就肯承認自己不當，他們也許會儘量諉過於銷售部門，對待顧客的態度欠佳。如此，這問題癥結就真難以解決了。因此要徹底研明誰是誰非，堅決執行這一良好的政策方針，只有把這問題交由對銷售活動負有全責的經理層處理了。

另外，關於製造業原材料的採購，究竟應該屬於那一部門是應該由一個獨立的部門來辦理呢，還是交給製造部門去辦理，常會引起爭論。一般來說，為防止各部門的牽制和不協調，單獨設置一個專管部門來辦理較為妥當。可鑑於這一工作的採購交貨期，進貨的品質、數量等等都與製造部門等息息相關。所以也有人認為還是交由製造部門，或與製造活動直接連結起來處理的好。還有，原材料的價格與價款的支付期限在製品成本中，佔著很大的比重，同時在資金調度方面的影響也很大，所以又有人認為應該放在財務部門。

再說掛賬出售的問題，一般都是財務部門所主管的業務，可是銷售部門並不是只管把貨品賣出去而已，售貨所得的外欠，也負有積極收回的責任，所以，普通賬的管理，都是屬於銷售部門的。這些問題，處理是否得當？這就要靠最高層來做決定的了。

② 調整上的觀點

組織機構，在有需要調整工作之後，總會產生一些有利的效果。因為，在多方面考慮過組織機構上的問題之後，再實施工作的調整總有實效可見。銷售貨品的公司採購部門與銷售部門，對於調

整工作的問題往往最多。一般來說在採購部門的立場總是堅持說，公司銷售的數量不能提高是由於銷售部門的不夠健全，而銷售部門則總說東西之所以賣不出去，乃是因爲採購部門沒有購進銷路好的東西。如此，公說公理婆說婆理相互諉過的現象，可說無店無之。因此，爲了避免這種問題的發生，在大多數公司裏，採購部門也做銷售部門的工作，或者特地不設採購部門全由銷售部門自行辦理，或者設了採購部門，卻不單叫銷售部門專負銷售責任，也要採購部門同樣負銷售問題之責。也有在門市部主任下面，同時設置採購股與銷售股，要那負銷售責任的人，同時兼負採購責任，以求兩方面的協調。

在製造業的公司裏，同樣也經常發生類似的問題。製造部門方面，由於工廠的能量等等關係，總是堅持在一定期間內，只能夠製造出一定數量的東西來，而營業部門在求過於供時卻認爲無論如何顧客的要求數量非給予滿足不可，他們根本不考慮到工廠的能力，就接下訂單來。有些公司爲了解決這類問題，規定銷售部門關於接受訂貨問題，必須由分公司經過營業部報告總經理，生產部門的生產情況則由工廠經由製造部報告總經理。這樣經過協調解決以後，由分派在各地區分公司裏的承辦常務董事，負責解決。

從工作方面來說，不一定把同一性質的工作劃分在同一部門裏，或者不讓同一職位的人來專負工作的全責，以協調彼此有關的工作。但從反面來說，把同一性質的工作劃分開來，以求協調者卻也不少。例如在經營銷售的公司裏，其主要市場是在國內，海外市場儘管還沒有十分開拓，可也已列爲新政策的重點，因而把業務劃分成國內與國外兩部份。如此從整個公司的觀點出發，調整其銷售

活動，也就是在同一個銷售部門內，從事國內、海外的兩種銷售活動，不過眼前因爲海外銷售活動還沒有充分展開，所以海外的銷售活動比重很小，而國內的銷售活動佔了絕大部份。當然，從整個公司的觀點來說，如果犧牲了國內銷售活動的力量，以求國外銷售活動的展開，當然是不值得的。於是，就索性把兩者劃分，設立兩個對等的部門，如內銷部與外銷部的分責，以求國內、國外銷售活動的均衡化。

③內部互相牽制的觀點

一個良好組織的條件之一，便是牽制的結構相當完備。在處理重要工作的過程中，使組織自然發生一種檢核的機能，這是一項必要的組織條件。例如，把檢查工作辟爲一個獨立部門而與製造部門分開，不過仍在組織中有他一定的地位。至於工程檢查當然須另外安排，最後一步的製品檢查，應是一個獨立的中立部門，若不依照品管標準實施嚴格檢查，就難以維持優良的品質水準。

計劃管制部門也是一樣，要和實施部門隔離而確立。實施部門如按自行擬訂的計劃自行實施管制，在今天複雜化的企業中，不但在技術方面有困難，而且容易滋生流幣。把基本計劃以及對於這計劃最後的管制和實施部門隔斷，交由獨立的特設部門去審核檢查，則是近代化企業管理的一大特色，這樣的措施也已收到前所未有的效果。

在有些公司的工廠組織裏，把計劃課與檢查課列爲個別部門而與製造部門各課一樣，居於工廠長的幕僚地位。

此外，最成爲問題的，是資材倉庫的地位。有的設在採購部門，有的設在製造部門，也有獨立設置的。從內部牽制的觀點說起來，

買進資材來的部門，如果兼管現品倉庫，發生弊端的可能性可以說實在太大。要是事業的規模大到倉庫應該獨立，那麼自然另有一套牽制的體制。但沒有達到一定規模的，大多總是設在製造部門內，因為製造部門在製造需要時出庫方便。不過，即使如此，也還是該考慮到牽制的問題，所以，一般總是使倉庫與製造現場保持著一個隔斷的形式，這就使製造現場不能隨便從倉庫裏取貨。如果製造現場製造出不良製品時，可以任意從倉庫裏重覆提取原料的話，對於製造現場的實際狀態無法瞭解，對於品質的注意就會減低，即使製造出了不良的製品來時，也無法去追究責任。同時在庫存管理方面也混亂不堪，直接關係到使製品的成本控制發生困難。

④時間方面的觀點

一些在時間上有關聯的工作，往往被放置在同一部門裏。像那些不得不同時處理的工作，因與其他部門有關聯，必須接連著進行，這樣在工作的處理，時間的配合上都可收到嚴密配合的效果。

但這樣也會使製品庫存的記錄成為問題，到底該歸那一部門管理，是歸營業部門呢，還是歸倉庫部門來管。一般來說，大致是以營業部門管理為宜。即由營業部門管賬，倉庫部門管現品。以顧客的訂貨為例，如果營業部門不知道庫存製品情形的話，很難決定是否可以接受顧客的訂貨。因此，營業部門必須先要問問倉庫部門，在確知庫存的情形之後，才好對顧客作確定的答覆。可是，這樣對待顧客還不是很得體，同時，內部的聯絡詢問也將添加麻煩，有時會使顧客不耐其煩，而導致眼前的生意平白丟掉。營業部門如果有一本製品庫存賬在手裏，倉庫裏有沒有貨，一查就馬上可以知道，要不要接下訂貨來，當場就可以確定。

⑤其他

除了所列舉的以上情形外，也有因為個人的能力關係，或者由於經營者或管理者的意思，本來應該屬於別的部門的工作，卻與某一個個人發生關聯的情形。還有，儘管依著上述的觀點來劃分工作，但還有一些在理論上無法分配到任何一個部門裏去的，以及有時實在並非是由於什麼特別意思，而完全出於萬不得已的情形而作分配的。

問題在於總得盡力排除不合適的限制，做到合理的分配，這樣才能建立起一個明確的組織。

3.分配工作的基準

工作分配，實際就是企業中工作的人到底在做什麼分析。有以下三種方法：

①從企業的基本機能來看工作活動。

②觀察人們在企業裏做些甚麼事。

③觀察人們是怎樣做的。

至於實際觀察的方法，是先分析各種工作，然後採取一種從結果來研究的歸納方法。也可以採取一種從企業的目的先計算出應該有的各種工作，然後加以研討、演繹的方法。據說這二種方法，後者比較良好。

組織既然是達成企業目的的手段，那麼在實現目的上必須遂行的工作一定要分配得很得當，也要處理得非常順當才好。所以，在分配研究工作時，以從目的著手的方法比較恰當。在這裏我們就依照上面所列舉的三種方法的秩序，先從機能著手加以研究，其次來分析實際所從事的工作，看看其實際究竟如何作為參考，再來研究

工作應如何分配的問題。

談到組織問題，不論是從工作的劃分方面來說，或從把工作分配到各個人或各部門方面來說，都不能離開目的、方針來研究。而應把目的、方針作爲樞軸，同時再考慮到經濟性質，以及配合問題與時間問題，逐步展開研究。

在部門化方面，其主要的要素爲：

①採取專門化的優點。

②容易管制。

③有利於調整的促進。

④容易喚起充分的注意。

⑤能認清企業的實際狀況。

⑥可以節省經費。

在工作的分配方面，力求做到全體人員都能夠同意且覺得合於情理的地步。工作，當然是要靠人去完成的，所以，組織的營運還是要靠人才能收效。當然，事有疑難時，在萬不得已的情形下，也許會有欠合情理的處置，可是如不得不做，還是要確信如此才能有助於目的的達成才對。

4.要打破門戶主義

部門化最易產生的問題，便是門戶主義與地盤意識。根據工作的種類與性格而計劃部門化時，專門化的特徵就隨之產生了，這在經濟性方面的好處很大。可同時也就產生了門戶主義，因此常使工作的進行脫了節。過去，爲了彌補這個缺點，有些企業設置過委員會以至協調會議等等，可是效果並不顯著。做得不好，無非徒然耗費時間。特別是像今天環境情況不斷變動的時代，部門化一定要配

合客觀變化來完成工作的節節推行，但是部、課等這一層層的牆壁，常使工作的一貫推進遭到停滯，以致引起了企業的動脈硬化症，所以就有人認爲還是不採取部門化的好。

　　最近，很多企業爲了彌補這個缺點，對此問題非常重視。考慮到部課制的改變或撤銷的問題，有的提議計劃執行小組制，或是生產經理制等。這與只是注意到委員會以至協調會議的頭痛醫頭，腳痛醫腳不同。到底什麼是計劃執行小組，什麼是生產經理制呢？

四、企業的階層化

　　階層化的實施，實際是緣於高級首長的能力負擔限度，因此階層化也可以說是由於控制的能力限度所促成的，階層化與控制的能力限度，是密不可分的。

1. 控制的限度（Span Of Control）

　　如果一個人能夠同時管理數百人，就不會發生組織構造上的問題了。事實上，一個人的能力總是有限度的，所以一個人所能夠管理部屬的人數，也是有限制的。這就促成了階層的分化，也就形成了組織的構造。在已形成的組織中最重要的原則就是階層的「控制的限度」。

　　所謂控制的限度，是指一個首長，直接所能指揮監督的部屬數字是有一定限度的。超過了這個限度，不但不能充分管理部屬，部屬也會感到不滿，於是在工作的推行上會招來許多障礙。

　　①部屬的人數增加時，不但與部屬的各個直接關係增多，同時部屬與部屬間橫的關係也會擴大。

②一個人的注意力總有限度的，超過了一定的限度時就無從發揮有效的監督功能。

問題就在於一個身爲長級的人，其直屬的部屬到底以多少人爲宜呢？

(1)控制限度的原則

在控制限度的原則中，最爲著名的一種，是法國企業管理專家格列意克納斯的理論。在 1933 年所發表的論文中，他把主管與部屬間的關係做過數學的研究，他認爲部屬的數字是從算術級數增加，而主管與部屬間的關係，卻是以幾何級數增加的。在數學方面，主管與部屬間的各種關係，他認爲包含著下面三種關係。

①主管與個個部屬關係（direct single relationships）

以 A 作爲主管，而 B、C、D 作爲部屬時，這中間的關係，就只有部屬的數字。

②直接的集團關係（direct group relationships）

這個關係只有主管與部屬混和起來的數字。

如以 A 作爲主管時，A 就在下列的配合方式下，保有著與部屬的關係。

③交錯關係（cross relationships）

這個關係，只有那些可以當面商量的部屬的數字，以 A 作爲主管，B、C、D 作爲部屬時，就有下面這樣的關係。一個主管在擁有 3 個部屬時，可以預想到的各種關係的總數，就如下式：

3（各個的關係）＋9（直接集團關係）＋6（交錯關係）＝18

上面所有各種關係的數字，可以用下列數學公式來表示：

$N(2n/2+n-1)$

n是受監督的部屬人數

從這裏來看，部屬的人數達到 18 人時，就可以想象那將成爲「天文學數字」的關係。這些關係雖然不可能同時發生，不過在部屬的人數增加時，各種關係就會怎樣的擴大，這就不言而喻了。

那麽，就一般來說，到底配有幾個部屬較爲適宜呢？

耶維克認爲：「不管是一個怎樣的人，如果他的工作錯綜複雜，其直接部屬以不超過 5～6 人爲度」。接著他又這樣補充：「對於任何一名主管來說，最理想的部屬人數以 4 人爲最適宜。」

基摸耶則認爲：「必須要互相配合的工作，是處於相互依存關係中的，如果業務性質不屬於同一種類者，部屬的人數不能超過 6 人。」

哈密爾頓卻認爲，部屬的人數以 3～6 人爲妥，在組織的高階層者，應以 3 人爲度，在低階層者，至多也不能超過 6 個人。這是因爲組織的高階層的工作，在性質上總是較爲艱巨，而在組織的低階層的工作，比較容易管理的緣故。耶維克也從這個觀點出發，認爲控制的限度，在組織的上級階層以 4 人爲妥，在下級階層則以 8～12 人爲宜。

綜上所述，我們知道，要對控制的限度定下一個原則，卻難有一個普遍可以適用的法則，由於各企業情況的不同，也只能在大致上選擇一個基準而已。

(2)控制限度的實際情形

原則雖然大致上可作一般的基準，但由於各企業的不同，並沒有一個可供普遍適用的明確法則。根據美國的調查，和該原則相一致的企業簡直很少，最高階層的直屬部屬的人數總是比較多些。

　　據調查，在 100 家大企業裏，總經理擁有 6 名以下直接部屬的只有 26 家，而多的竟擁有 26 個直接部屬的。這 100 家企業的最高經營階層所擁有的部屬的數字，折中數爲 9 人。另外在調查了 41 家中等企業以後，發現超過半數的 25 家公司的總經理，都有 7 人以上的直接部屬，全由他 1 人直接指揮。

　　杜邦公司的總經理有 23 個直接部屬，必須向他作直接或間接的報告，這是一家以委員會組織來經營而出了名的公司，總經理在協調委員會的意見方面發揮著很大的力量，所以這不能和別家公司的總經理相提並論。像杜邦公司那樣，儘管設有委員會，而總理還擁有 23 個直屬部屬，不論怎樣說，總是已經超過了限度。不過，杜邦公司的經營、管理卻是相當好的。

　　控制的限度，在限制直屬部屬人數時，必然會隨之引起階層的問題，而控制的限度究竟對與不對，必須要和這階層問題聯繫起來，否則便無從談起。

2.階層的數目

　　關於階層的數目這一問題，有一個所謂簡克威斯理論，是由英國波爾納大學的伊理奧·簡克威斯所創，他認爲不管怎樣大的企業，組織的階層如果到達 7 個是足夠的了。這種說法是基於「自由裁量的時間幅度」之說，就是下屬不受上級主管的制約，由自己來自由地計劃實行的時間。他主張應該以這「時間幅度」來決定組織階層，即使是一家規模特大的企業，有了七個階層也已經足夠了。他還說，第七階層應有二十年、第六階層應有十年、第五階層應有五年、第四階層應有二年、第三階層應有一年的「時間幅度」來處理其工作。

在他想來，如果那是由 5000～6000 從業員所組成的組織，有五階層就已足夠，要比這樣的組織更大規模的組織，才需要七個階層。而如果設了七階層還是缺乏應有效率的超大型企業，那就只有縮小本身規模，以五階層來構成，而另外分設附屬公司，由最高經營機構直接管理了。根據這個原則，不論怎樣的一個企業組織，都可以由 7 個以下的階層構成來經營。

從這些調查看來，雖不一定都完全像簡克威斯所主張的那樣，不過，這些公司的階層數比較少，所以還是值得注意的。其中也有擁有 20 萬以上從業員的公司，其組織也只有七個階層。

不過，歐奈斯德‧迪爾在美國所作的實際狀況調查中，關於「控制的限度」與「階層的數目」兩者間的平衡關係，大多數企業的回答，都說對於「控制的限度」的嚴格遵守並不怎樣重視，所認真注意的是「階層數目」的儘量減少。在調查過的 58 家公司中，對於「階層數目」的減少都十分重視，而重視「控制的限度」的卻只有佔一半的 26 家。關於減少「階層數目」的理由，36 家公司的回答是容易溝通旨意，22 家的回答是更容易作適合的決定。

3.控制的限度與階層的關係

(1)反對控制限度的提法

如果嚴守控制的限度這一原則的話，直屬部屬的人數，勢必要加以限制，所以首長所直接接觸的部屬數量，必須限定於一定人數，而組織的階層數卻也將因此而增加，因此，很多人提出了反對意見。反對者的意見可說是形形色色不一而定，迪爾在「控制限度擴大傾向」這一問題中所提出的主張，可以說把各種主要的反對意見都網羅無遺了。

①有些人爲了要以此爲進身之階，同時也爲了表示自己的地位，他們會盡可能地與經營的上層部保持高度的接觸。

②因爲命令系統有盡可能縮短的必要，把控制的限度收緊的時候，監督權才會擴大，但傳達意見的路徑就變長，從而招致不利。

③這雖然是經營的自然傾向，首長會盡可能對於很多種工作產生個人掌握的興趣來，對於部屬的能力不加信任，也是怕會有競爭對手出現，因此首長對於個人權力的慾望非常強烈。

④也有一種政治性的批評，首長會盡可能使自己成爲許多利害關係的代表人物。

⑤過度仔細的監督，會妨礙創造性與自信心。

關於控制的限度，有很多人提出了關於一般性的、傳達意見的效果方面的以及政治觀點的反對意見來，所以，大家一致認爲控制的限度，實在只是一種自然傾向，應該把限度加以擴大才對。

另外還有自心理學方面提出的反對意見。最近由於心理學的進步，對於這一問題的反對批評，簡直要把過去所存在的控制的限度徹底撤除，有人從心理學的觀點提出了一連串的事實與研究結果，完全否認了控制限度的實際效果。

(2)控制限度的無效果性

如果嚴格遵守控制限度的原則的話，部屬的人數就要加以限定，組織階層的數字就勢必因此增加。

以一個擁有 376 位職員的企業爲例，應用控制限度的原則，加以比較。

組織階層增加時，據說一般總是監督費用與管理的效果可時降低，而工作情緒亦跟著低落。組織階層每增加一級，據說通常對於

意見的溝通總要低落 20%到 30%，這也是不利於管理的事實證明。
杜拉卡認爲，組織不妥善的第一個徵兆便是經營階層的增加，沙意
蒙也認爲，經營效率是要在組織階層的數目，盡可能保持在最少的
限度內時，才能夠提高。

反對上述這種主張的人認爲，把控制的限度這樣應用在實際上
時，反而會使階層數增加，損及經營管理的效果。從理論方面來說，
控制的限度真能發揮其效果時，就可以延長命令系統，同時卻也抵
消了管理效果。結果是沒有什麼真正控制限度的效果可言。

關於控制的限度與階層的問題，經過沙土洛巴克公司的研究，
引發了一個很有興趣的問題。這家公司把幾家擁有 150 到 170 名從
業員的店鋪，分成兩個集團來作實驗。在一個集團裏，每家店鋪的
經理下面各設一名副經理，在各商品部門，分設了 30 人左右的主
任，這就是採取一種所謂平層型（Flat Type）。在另外一個集團裏
就保持著以往的格調，在經理與主任之間，另外又增設了一個階
層，採取了一種所謂高層型（Tall Type）。實驗的結果，不論從銷
售所得總數、利益、工作情緒、主任的能力等所有各方面來說，都
是平層型比較好。這就是說，遠超過所謂控制的限度以後，因爲少
了一個階層結果還是比較好些。其優點很多，主要有下列幾種。

①因爲遠超過了控制的限度，所以就只有把責權大量地交給下
面，從而提高了下屬的工作情緒，也就提高了工作實績，在工作的
質方面也發生了良好的影響。

②把學習的機會給了主任，使他們的管理能力大爲提高。

③主任因爲上面給了他足夠的許可權，對於部屬的採用、指
導、訓練，都會自動充分注意。

④所有工作實績的評定等等,因爲都是在易於控制的方式之下的緣故,所以很容易想出有效的方法來處理。

在 IBM 公司也是一樣,在 1940 到 1970 年間,減去了中間一級管理階層。結果,「就因爲組織機構的精簡化,公司裏人員間的協力與工作情緒的提高,都更加容易做到了」。

例如,第二次大戰中,艾森豪元帥要接受 150 名大隊長的報名。還有沙士洛巴克公司的進貨部門的經理,擁有專管進貨的 100 名部屬。很明顯地,這都已超過了控制的限度。

4.控制限度的合理決定

控制的限度與組織階層間的關係,正如我們已知的,包含著許多難題,要概括地指出其重要性作爲結論是不可能的。不過大體說起來,組織階層太多了,管理費用就增加,在旨意的溝通上也多一層不便,因而就難免使部屬工作情緒低落。不過,如果同時要重視能力的限度的話,在控制上也就自然而然地發生了限度問題了。

在沙士洛巴克公司,每 42 個管理者要向一個上司作直接報告,相反,杜邦公司的組織要比沙士洛克巴公司多六個階層,一共設有 13 個組織階層。前者是容許控制有廣範圍的界限,後者則設有特別長的命令系統,但這二家公司都是在經營管理等方面非常成功的公司。可見,最重要的是如何保持控制限度與階層數目間平衡的問題,使之相輔相成。

不過,要從管理效果的觀點出發作結論時,第一還是要減少階層的數目,同時也要注意到可以作有效監督的控制的限度。廸爾對於控制的限度與階層問題的結論是:「直屬部屬的人數不多,是有減輕經營管理者的負擔,並可有利於從事自己工作的時間。如果因

而要增多增加人員的經費，使擴大了的監督業務與溝通旨意都增加了困難的話，就有增加直屬部屬的必要了。」

所謂控制限度的原則，是因爲人的能力限度，所以其所能管理的部屬人數總有限制，這個道理十分正確。不過，其所控制的人數並非一成不變，而且要看條件來決定的。部屬的人數，將因所做的工作的性質和部屬所具有的能力、所受的教育、訓練、計劃及手續的明確程度，以及所授予的許可權、溝通意旨的技術、業績標準的程度等的不同而異。

管理專家舉出下列各點，作爲決定部屬人數的要素：

‧ 部屬的教育、訓練

訓練健全的話，需要指點的地方就少。做事也不會太費時間，下級階層工作比上級階層更專門化，且無複雜性，容易教會。

‧ 授權的程度與性質

應該要做的事，規定得清清楚楚，而在處理這些事情的時候，責權的劃分又很清楚的話，監督的範圍也就可以擴大。

‧ 計劃的程度與性質

方針、計劃都規定得明白，而且又很徹底的話，控制的限度自然也就擴大。

‧ 充滿活力企業

對於歷史久的企業與新企業來說，也有不同，歷史久的企業富有安定性，工作內容的變化也少，所以就一般來說，這種企業組織的控制限度比較要寬些。

‧ 業績標準

如果業績已經有了一個清清楚楚的標準，所指望的成果已有一

定的話，工作的管理也就容易許多。

・傳達指示的技術

傳達有文書形式的傳達、口頭的傳達、運用幕僚來傳達等方式，如果能夠有效的運用幕僚，就不至於因為日常業務而增添麻煩，而把這種時間全部用在自己主要的業務上，這樣一來控制的限界自然可以擴大。

管理專家紐曼也舉出了六個可以作為決定最適度限界的要素來。

・在監督工作上所費的時間

在計劃等等方面所費去的時間越多，監督的界限就將越狹窄。

・要看所監督的工作種類是否複雜及其重要程度如何

所監督的工作種類既多而又重要的話，在監督上所費的時間就多，控制的限度也就將減少。

・工作的反覆性

對於所監督的工作一再反覆，養成習慣以後，界限也就放大。剛開始監督的時候，管理當然要困難些。

・部屬的能力

如果部屬都是經過良好訓練的，而又具有很好的判斷力且又富於創造力，並具有義務感的話，監督工作就輕鬆得多。

・權責劃分的程度

如果權責劃分得很清楚，那些微細的瑣，就不須勞監督者操心了。

・幕僚的襄助

如果幕僚很得力，控制的界限自然就可以擴大。

此外，管理者本身的能力，當然也是問題。管理者的能力如果很強，控制的限界也就可以因而擴大。還有，如果管理者先把工作的目標規定得一清二楚，那就此嚴格規定屬下工作的手續方法更可以擴大控制的界限。換句話說，目標並不是方法，而是結果，所以把所期望的結果明確規定，在工作過程中也就不會有太多的問題要處理，監督的範圍，就可以限於最小限度了。

不管是控制的限度也好，組織的階層數也好，需要注意的重點是平衡問題，這須得考慮到管理費用，工作情緒等的得失後，才可以加以決定。所以，決定控制的限度與階層數的基本問題是在如何使兩者保持平衡，最有益於達成企業的目的之上。

五、指揮與參謀

企業內的職權有三種類型：直線職權、參謀職權和職能職權。

直線職權是上級指揮下級的權力，也就是擁有命令權的職權。直線職權關係的特點是：上級有指揮命令權，下級必須貫徹執行，不允許自行其是；下級對自己的直線上級負責並報告工作。圖 2-8 是企業生產管理系統直線職權關係示意圖。圖中，從企業最高領導者開始，直到最基層的管理人員，自上而下逐級指揮，形成了一條連續的、有層次的命令鏈、指揮鏈。

參謀職權是一種提出建議或提供服務，協助其他部門或人員做好工作的權力，在企業組織的實際工作中，各專業管理部門同生產系統所發生的基本職權關係就屬於參謀職權關係。

同直線職權相比較，參謀職權的特點是：第一，它不能向其他

部門或人員發號施令,不能決定而只能影響他人或部門的行為,即只能出主意、提建議、做指導,只起諮詢作用;第二,在職權範圍內執行參謀職權,不是去指揮其他部門或人員,而是幫助工作,發揮助手作用。

圖 2-8 直線職權形成的指揮鏈

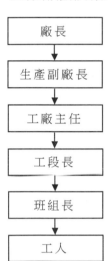

在組織結構圖中,參謀部門與人員對上有一條直線連接著上級主管人員,表示對該領導負責並報告工作;對下則沒有通向下級單位的職權線,以表明只起業務指導作用。圖 2-9 是某製造企業的基本組織結構,全面反映了該公司的直線人員和參謀人員及其相互關係。

圖 2-9 直線與參謀的職權關係

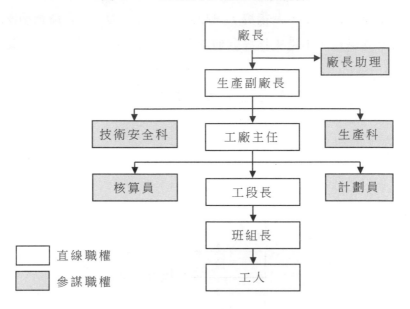

職能職權是指參謀人員或部門的主管人員所擁有的原屬直線主管的那部份權力。在純粹參謀的情況下，參謀人員所具有的僅僅是輔助性職權，並無指揮權。但是，隨著管理活動的日益複雜，主管人員不可能是完人，也不可能通曉所有專業知識，僅僅靠參謀的建議還很難做出最後的決定。這時，為了改善和提高管理效率，主管人員就可能把一部份本屬於自己的直線職權授予參謀人員或某個部門的主管，這便產生了職能職權。例如，經過廠長授權，作為參謀部門的勞動人事部門所擬定的勞動定額；勞動組織、勞動紀律、勞動保護等勞動人事制度；品質部門頒佈的品質檢查方法、品質信息回饋路線；設備部門確定的設備維修制度，等等。分廠或工廠等下一級直線組織必須嚴格執行，這些都是職能職權的具體體

現。如圖 2-10 所示，部門 A 的財務經理依指揮鏈要向部門 A 的總經理報告，但同時也要對負責整個公司財務的副總裁負責。圖中虛線即指參謀對於直線管理人員所負有的職能職權。

圖 2-10　職能職權

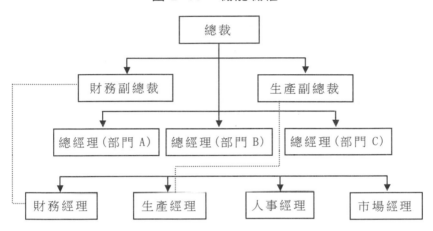

　　職能職權大部份是由業務或參謀部門的負責人來行使的，這些部門一般都是由一些職能管理專家所組成。

　　經過縱向和橫向組織結構的設計，最終就能設計出企業的組織框架，確定出企業的組織結構類型。此階段的工作需要組織設計人員和組織高層管理者共同來進行，並需要徵求相關運營和職能管理部門的意見，進行反覆調整。

1. 正確處理管理職能中的指揮與參謀的關係

(1)管理者必須行使直線指揮權限

　　管理者不能放棄管理中的直接決定和指揮權限，否則將給組織系統帶來混亂。產生放棄直接決定和指揮權限的原因，既有管理者

的認識和不恰當地授權問題,也有管理者自身能力不足或外部條件使其不能充分行使管理權限的問題。管理者對參謀部門(或人員)同樣要進行管理,要佈置任務,聽取彙報,檢查工作,要安排計劃,不能放任自流。

(2)管理者應充分發揮參謀機構或參謀人員的作用

管理者不能發揮參謀機構作用的現象,在不少企業都不同程度地存在,應當重視並解決。例如,有的企業設置了不少參謀部門(或人員),但是管理者整天自己忙得團團轉,而參謀人員事情卻很少;有的企業管理者對參謀部門加工提供的生產經營狀況的信息和當前經營中需要急迫解決問題的方案不聞不問;有的企業參謀人員的工作得不到管理者的支援,參謀人員到下面收集生產經營情況時,下面予以封鎖,甚至提供假情況、假數字,對於這種弄虛作假、欺上瞞下的行為,有的管理者不僅不去嚴肅制止,反而聽之任之。對參謀人員工作的認可,支持其工作,發揮其作用,是企業指揮系統能有效運轉的一個重要因素。

(3)作為參謀人員,特別是參謀部門的負責人,必須牢記自己的參謀地位

管理過程中許多職權都可以去爭取,例如,信息收集處理、決策方案的擬訂、方案實施當中的指導、方案實施情況的檢查等職權,但業務工作的決定權和從事指揮權不應該去爭取,在一些管理混亂的企業裏,許多管理部門都在拼命「抓實權」,總希望部門管理者去求他,以便從中牟取不應有的利益,這是企業管理的大敵。

(4)參謀人員不應把自己的發現和意見強加給直線主
　　管人員，而只能推薦自己的意見

　　參謀人員往往是從某個專業角度提出應該怎樣做的建議，而作
為指揮人員通常還要考慮更綜合的問題，例如，安排誰去更合適的
問題。如果過分強求直線主管人員，容易產生誤會。

2.集權和分權應該適度

　　企業組織作為經營單位，創業的時候企業規模比較小，產品比
較單一，許多業務活動都是由外部提供的。因此企業生產經營活動
中的產、銷、人、發、財等是公司集中統一管理。隨著品種的增多、
規模的擴大，上述業務活動將分別在不同的部門進行，並且授權各
個部門負責人管理相應的業務。但是此時設計經營管理活動的決策
仍然在公司一級，各個部門只是決策的執行部門。全此，雖然有了
授權行為，但公司的管理權限仍然是集中的，這種管理方式稱為集
權管理。

　　隨著企業生產經營的品種進一步增多，企業規模進一步擴大，
地域分佈廣泛，市場競爭加劇。一部份企業按照產品或地區特點，
將相關的業務活動集中於一位企業管理者，並且進一步授予經營管
理權限，例如，授予產品的調整、自主開展產品銷售和材料採購、
自主安排生產計劃、審批費用支出、招收生產工人、安排管理人員
等權限，形成相對獨立的事業中心，這種方式稱為分權管理。

　　集權管理和分權管理中的「權」是指對實現目標的行為具有決
定權和指揮權。這種權限集中在總公司成為集權管理，分到事業中
心就成為分權管理。誰行使這個權，誰就應對其目標完成結果負
責。完成目標是這種權限使用的制約因素之一。因此從本質上講，

分權管理只是一種目標管理形式；事業部制是以利潤為目標的分權管理形式。只要處理妥當，對生產經營活動中的每項業務工作都可以實行分權管理。

3.組織中的職、責、權必須對等

管理組織中的每個部門，其職、責、權三者應該保持對等關係，即處在什麼職位，就應該承擔什麼義務，享有什麼權限。三者互為條件，又相互制約。當職、責、權之間失去均衡的時候，管理組織將出現混亂，甚至企業將出現各種腐敗現象。只有當這三者之間對等的時候，組織才能發揮出最好的效果。

(1)必須以工作結果的目標責任作為每個崗位的職責

這些目標責任必須是明確的、可度量的。例如，對設備部門，其職責不是規定「維修好設備儀器」，而是規定「保證運行中的設備不出現故障停機」。對於生產部門不是規定「生產」，而是規定「按計劃完成產品的品種規格、品質、交貨期和成本」。這兩種規定有著非常重要的區別：前者實質上只是規定了「做什麼？」，後者不僅規定了做什麼，而且規定了「完成到什麼程度」。

(2)必須制訂有效的控制規程

這主要包括作業控制過程和財務收支預算控制規程，杜絕放任自流的現象發生。

(3)建立人事考核評價制度

透過人事考核，評價每個員工的業績與遵守公司規定情況。對於因工作態度和道德品質問題而產生的失職和違紀，管理者必須有明確的態度和克服的措施，不應該聽之任之。

六、案例：管理幅度的企業個案

控制的限度是站在人的能力限度的前提上，所以其所能直接監督的部屬人數，也就應有其限度。問題是怎樣把所定的控制的限度，即以 5～6 人爲適度的限度，如何在不失去監督效果的情形下，加以擴大。

沙士洛巴克公司的進貨部門經理，是怎樣管理著多達 100 餘人的進貨主管人員的呢？還有，據說艾森豪要接受 150 個大隊長的報告，到底是採取怎樣有效的管理方法的呢？

在研究過沙土洛巴克公司的組織以後，耶維克發現了下列這些事實。

①各進貨主管人員所管進口貨物，其品目有明確的範圍，絕不會與其他人的混淆。

②各個進貨主管人員，都有共通的問題必須作共同的解決，因此進貨部門的經理下面就設有 4 個助手，專門負責處理這些問題。

③對於進貨主管人員的監督，實際上是由這 5 個人共同負責的，所以，他們實際上的控制範圍並不是 100 人，而是 20 人。

④負責進貨的主管人員，是經過挑選再進行過適當訓練的，所以對於他們是不是在遵照著預定標準進行的問題，除了意外事件的處置以外，並無加以監督的必要。

其次，艾森豪在第二次世界大戰中，有 150 個大隊長要向他直接報告一事，實際上，這是透過了艾森豪將軍所直接監督的團長、旅長、師長、軍長而層層送達的。其他好多部屬，固然也准許他們

與艾森豪將軍保持接觸,可是這不能稱為直接的部屬。這麼多的部屬,能夠向他作報告與他接觸的,是靠運用他的幕僚關係,所有日常業務,都交由幕僚負責處理,不會麻煩到他。

關於軍隊組織控制的限度,耶維克曾經對於 1917 到 1981 年的英國步兵組織作過研究。一個師長負責 18 名部屬。不過,這師長儘管已經超過了一般所謂控制限度,在辦公室裏所費的時間,也只不過 23 小時,而且還和很多的部屬保持著接觸。這中間的秘密就在於師長只處理極其重要的事,日常業務完全由參謀長來處理,通常一個師長所保持著接觸的,一共是 6 個人。

參謀長把一般的業務都處理了,只有在參謀長無法處理時,才由師長親自來解決。至於參謀長所控制的範圍,總不出 18 個人。實際上,經常受到艾森豪直接監督的,是 3 個師長、1 個炮兵司令官,2 個參謀長,就是控制的範圍。在名義上雖然有 18 個人,論實質卻只有 6 個人。

第 **3** 章

企業組織結構的常用類型

組織結構形式沒有固定的、統一的模式，隨著現代組織的產生和發展，隨著領導體制的演變，它也經歷了一個發展變化的過程。

一、企業組織結構的類型

組織結構形式沒有固定的、統一的模式，隨著現代組織的產生和發展，隨著領導體制的演變，它也經歷了一個發展變化的過程。組織結構的模式因組織、組織規模和組織生產經營的特點的不同而不同，同一組織在不同時期也會有不同的形式。

1. 直線型組織結構

直線型組織結構又稱垂直式結構，它是指組織沒有職能機構，從最高管理層到最基層實行直線垂直領導，是最早、最簡單的一種組織結構形式。特點是不設職能結構，由直線指揮人員全權負責。

它的優點是溝通迅速，統一指揮，垂直領導，責任明確。缺點是對最高主管要求高，管理者負擔過重。適用範圍：小型企業組織，技術、產品單一。

圖 3-1　直線型組織結構圖

```
                    ┌─────┐
                    │ L1  │
                    └─────┘
              ┌───────┴───────┐
           ┌─────┐         ┌─────┐
           │ L2  │         │ L2  │
           └─────┘         └─────┘
         ┌────┴────┐          │
      ┌─────┐   ┌─────┐    ┌─────┐
      │ L3  │   │ L3  │    │ L3  │
      └─────┘   └─────┘    └─────┘
```

L──直線指揮人員

2.職能式組織結構

職能式組織結構就是按分工原則，將同類的工作劃分在同一職能部門裏，即部門是按職能劃分的。

圖 3-2　典型的職能式組織結構

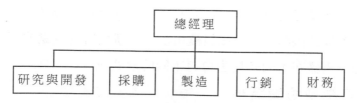

該種組織結構的特點，各職能部門之間沒有直接的聯繫，如果要求各職能部門之間交換信息或進行工作協助，則協調的任務主要落在總經理身上，總經理還要調節職能部門間發生的衝突。所以當

企業規模進一步擴張，部門間的協調工作增多，將會增加一些職能參謀機構，如企業管理部門、人事管理部門、計劃和預算部門。而且，每個職能部門的主管會趨向於在各自部門內設置下一級職能部門。如銷售部門分成銷售和行銷兩部份，然後又進一步分為銷售、行銷和產品管理。每一種職能任命一個經理，然後又有經理助理，不久又會任命國內銷售經理和地區銷售經理。這樣會使一些企業的組織機構在保持基本職能結構的基礎上在垂直方向和水平方向無限擴大。

該種組織結構的優點是按專業化分工劃分組織單元，所以能夠獲取規模經濟性，避免組織資源的重覆配置，減少組織資源的浪費。從事類似工作的人員被組合起來，管理者更易於監督和評估他們的表現。

該種組織結構的缺點，組織層級比較多，這樣由於縱向命令鏈過長，而導致對外界環境變化反應遲鈍。

不同職能部門的協調困難，部門管理者往往強調部門利益，由此犧牲組織整體利益。

每個職能部門或系統內的員工很少有機會能夠看到組織總體目標的全貌，致使組織內部各部門或系統的目標與組織總體目標的一致性較差。

由於職能組織在大規模企業中具有上述的缺點，故大規模企業都逐漸將原有的職能組織改為分部組織。

3.直線─職能型組織結構

直線─職能型組織結構建立在直線型和職能型基礎上，是指在組織內部，既設置縱向的直線指揮系統，又設置橫向的職能管理系

統，以直線指揮系統為主體建立的兩維的管理組織。特點是設立職能機構，但職能機構無指揮權。適用範圍是大、中型企業，目前絕大多數組織均採用這種組織模式。

優點是保留了職能層，克服了職能制多頭領導的缺陷，既保證組織的統一指揮，又加強了專業化管理，缺點是職能層與管理層協調有難度。

圖 3-3　直線一職能型組織結構圖

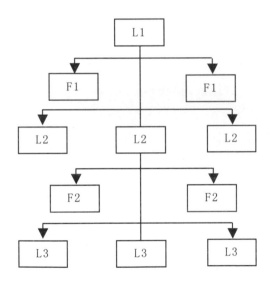

4.事業部式組織結構

當企業規模進一步擴張，特別是生產產品種類增多或開始進入全新的領域或者企業的市場區域擴張，需要職能間的協調越來越多，這時組織結構會趨向於事業部式(圖 3-4)。事業部式組織結構是在總公司下設立多個事業部，各事業部有各自獨立的產品、市場或顧客，實行獨立核算。事業部式組織結構一般按照產品或者地區

市場或者顧客劃分事業部，在每一個事業部中將不同的職能，如製造、研究與開發、行銷等集中在一起，每個事業部對不同的產品、地區的市場和客戶負責。

圖 3-4　事業部式組織結構

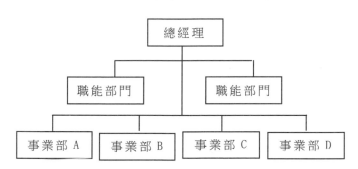

事業部內部在經營管理上擁有自主性和獨立性。每個事業部是收入中心、成本中心、利潤中心或投資中心，即企業總部要考核各事業部的收入、成本、利潤等。事業部之間的協調由總公司負責，總公司負責部門間資源分配和長期戰略的制定。

這種組織結構最突出的特點是：集中經營、分散決策，即總公司集中決策，事業部獨立經營，這是在領導方式上由集權制向分權制轉化的一種改變。

這種組織結構的優點是：能夠對市場需求做出較快的反應。因為每個事業部都有完整的職能資源，所以它可以對產品、市場、顧客或地區的需求做出回應。例如，某電器集團，如果冷氣機事業部的銷售人員瞭解到市場需要環保冷氣機，則該事業部可以立即調整本事業部的技術人員進行研究，然後安排生產、銷售等等，對市場需求做出迅速反應。

　　這種組織結構的缺點是：無法充分獲取規模經濟性。如某企業有 50 個技術人員，如果是職能式組織結構，則這 50 個人同屬一個部門，這樣 50 個人可以進行合理的分工，能夠進行深層次的技術、產品開發；但如果是事業部式組織結構，就可能會將這 50 個人平均分配給 5 個事業部，每個事業部 10 個技術人員，技術力量分散，無法進行深層次開發。

　　由於機構重覆佈置，造成組織物質資源和人力資源的浪費。如某啤酒公司就曾經出現由於各產品事業部都設自己的銷售公司，因而造成在同一條街上設有同一企業代表不同事業部的 3 個銷售公司，造成企業資源的極大浪費。各事業部不願意共用資源，都想單獨控制全部資源。

5. 矩陣式組織結構

　　當組織面臨的市場環境更為嚴峻，當顧客需求或技術發生了迅速變化，則組織既需要職能部門內的專業技術知識，又需要職能部門之間的緊密協作，這時企業組織需要同時利用職能式和事業部式這兩種結構的優點。這時的組織結構會演變為矩陣式（圖 3-5）。因此，矩陣式組織結構就是把按職能劃分的部門和按產品（或項目，或服務，或地區）劃分的部門結合起來組成一個矩陣，同一名員工既同原職能部門保持組織與業務聯繫，又參與產品或項目小組的工作。

圖 3-5　矩陣式組織結構

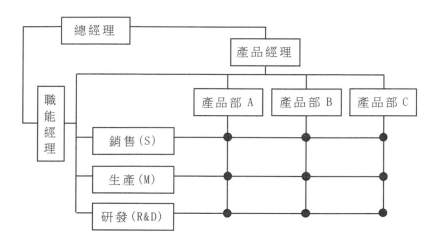

　　矩陣式組織結構往往在高科技企業組織中用的較多，因為快速的創新對這些企業組織的生存至關重要，技術專長及產品創新和變革對實現企業目標有重要影響。

　　這種組織結構的特點是：事業部經理和職能部門經理在組織中擁有同樣的權威，員工要同時接受兩者的雙重領導。如，一個工程師既屬於一個產品部的某一項目組又屬於一個技術部門，在完成一個特定任務之後，工程師又回到技術部，然後又被分配到新的項目中。這個工程師同時接受項目經理和職能部門經理的領導，同時向兩位不同的管理者彙報工作。

　　分派到產品（項目）小組的職能員工隨著時間的推移而變換。例如，在產品開發階段，工程師和研發人員被分配到產品（項目）小組；當設計完成後，行銷專家被指派到小組測量顧客對新產品的反應；當需要尋找最有效率的生產方式時，製造人員就加入了。在他

們的具體工作結束時，小組成員離去，被重新分配到新的小組中。

該種組織結構的優點是：

①能滿足環境的多種需求。

②資源被靈活地分配。

③組織結構具有較大彈性，從而提高了組織對環境的反應和回應能力。

④加強了各職能部門間的橫向聯繫。

⑤有利於各種人才的培養。

該種組織結構的缺點是：

①責權關係不明，職能經理與產品(項目)經理之間的責權關係不明，如產品定價，是由產品經理確定還是由銷售部門的經理確定。

②資源分配困難。這包括資源在產品部之間及產品與職能部之間的分配，特別是人員的分配，每個產品部都希望從職能部門分配來的人員是最好的、最具影響力的。如每個產品部都希望擁有最強的行銷人員、最高水準的技術人員。

③員工受兩個上司領導，會左右為難，處理不當，會由於意見分歧而造成工作中的效率低下。往往解決這些問題的辦法就是要花很多時間來開會協調。

6.橫向型組織結構

橫向型組織結構是一種比較新的組織結構。它是按照核心流程來組織員工的，將特定流程工作的所有的人員都組合在一起，這樣就便於溝通並協調他們，以便直接為顧客提供服務。橫向型組織結構明顯減少了縱向層級，並跨越了原有的職能邊界。

橫向型組織結構具有以下一些主要特徵：

①按跨職能核心流程而不是僅僅根據任務、職能或區域來設立結構：這樣就消除了部門之間的界限。

②流程主管對各自的核心流程全面負責。

③團隊中的成員具有所需要的技能、工具和職權，團隊成員得到多面手的訓練，並能夠完成多種工作。團隊需要具備完成一項重要組織任務所必需的綜合技能。

④團隊有權自主而獨創性地思考問題，並對出現的新挑戰做出靈活的反應。

⑤團隊效果是以流程最終的績效目標（也就是基於給顧客帶來或者創造的價值）以及顧客滿意度、員工滿意度和財務貢獻等指標來衡量。

⑥組織文化是開放式的，充滿信任和合作，並注重持續的改進。這種文化強調對員工的授權和責任，並關注員工的前途。

橫向型組織結構最顯著的優點是：它因為增進了協調，所以能極大地提高公司的靈活性和對顧客需要的反應能力。這種結構使員工的注意力轉移到顧客上來，從而在改進生產率、速度和效率的同時也帶來了顧客滿意度的提高。另外，由於打破了職能部門間的邊界，員工對組織目標有了寬廣的認識，而不是僅限於單個部門的目標。橫向型結構還促使員工注重團隊工作與合作，這樣會促進團隊成員達成一種共識，以實現共同的目標。橫向型結構透過提供分享責任和決策的機會，並促使他們為組織做出更大的貢獻。

橫向型結構的缺點是：它可能給組織帶來損害，除非管理者能細緻地鑑別出對提供顧客價值起關鍵作用的核心流程。而且，實現向橫向型結構的轉變更是耗時，因為它要求對組織文化、工作設

計、管理哲學、信息和獎酬系統做出重大的變革。另外,由於工作本質上是跨職能的,橫向型結構可能會制約知識和技能的縱深發展,除非採取措施給員工提供保持和提高技術專長的機會。

7.混合型結構

實際上,許多公司將職能式、事業部式、矩陣式和橫向型組織結構的特點結合起來,利用了各種結構的優點,同時避免了某些缺點,由此設計出混合型組織結構:在迅速變化的環境下,適於應用混合型結構,因為它給組織提供了更大的靈活性。

常用的一種混合型結構是將職能型結構和事業部結構的特點結合起來。當公司擁有多個產品或市場時,通常需要重組成為某種自我包容的單位。對某一產品或市場的經營具有重要性的職能,就需要分散而納入該自我包容單位中。對某些相對穩定不變且要求規模經濟和縱深專業化的職能則集中在總部,這些職能部門向整個組織提供服務。

另一種混合方式是將職能型和橫向型結構的特點結合起來。一般在每個事業部內設有若干個橫向聯結的小組,它們由具有多樣技能的團隊成員組成,分別集中於完成相應的核心流程。每個流程任命一名流程主管負責確保各團隊實現總體的目標。而在事業部內,財務、人力資源、戰略、公共關係等則仍然保留職能型結構,這些部門為整個事業部提供服務。在這樣的大型組織中,管理者必須運用多種結構特點來滿足整個組織的需要。與純粹的職能型、事業部和橫向型結構相比較,混合型結構更普遍地得到應用,因為它提供了各種結構的優點,克服了某些缺點。

二、由戰略角度去挑選企業組織型態

組織設計的成果就是「組織結構」或稱「組織形態」，不同的設計用意，會產生不同的組織結構，而不同的組織結構具有不同的影響作用，並適用於不同情況，所以各大企業的高級主管在設計其全公司的組織結構，或各級主管在設計其所轄部屬的任務編組時，應做適合自己情況的系統考慮，切忌未加考慮就隨意引用他人的方式。

優化組織架構，推行組織架構扁平化，擴大管理幅度，減少管理層次，可達到優化組織運營流程，減少重疊崗位，合併同類崗位，削減非增值崗位，以便於控制總體人工成本。

很多企業的管理層認為組織架構在企業變革中是首要的工作。這或多或少由於組織架構涉及到權力的分配，如誰向誰彙報等問題。而這造成的影響是：組織架構先行，而經營戰略、業務流程、績效評估及信息技術等需要因組織架構的改變而改變。這種本末倒置的做法由於缺乏依據，往往造成了企業因人設公司、設崗位，結果企業機構越來越臃腫。這絕對不是一個成功的降低人力成本的方式。優化組織架構，確實能降低人力成本，但是先行條件是：一切從企業的戰略角度出發！

1. 正確認識企業戰略

企業戰略是指企業根據環境的變化，本身的資源和實力選擇適合的經營領域和產品，形成自己的核心競爭力，並通過差異化在競爭中取勝。

　　企業戰略是對企業各種戰略的統稱,其中既包括競爭戰略,也包括行銷戰略、發展戰略、品牌戰略、融資戰略、技術開發戰略、人才開發戰略、資源開發戰略等等。企業戰略是層出不窮的,例如信息化就是一個全新的戰略。企業戰略雖然有多種,但基本屬性是相同的,都是對企業的謀略,都是對企業整體性、長期性、基本性問題的計謀。

　　例如:企業競爭戰略是對企業競爭的謀略,是對企業競爭整體性、長期性、基本性問題的計謀;企業行銷戰略是對企業行銷的謀略,是對企業行銷整體性、長期性、基本性問題的計謀;企業技術開發戰略是對企業技術開發的謀略,是對企業技術開發整體性、長期性、基本性問題的計謀;企業人才戰略是對企業人才開發的謀略,是對企業人才開發整體性、長期性、基本性問題的計謀。以此類推,都是一樣的。各種企業戰略有同也有異,相同的是基本屬性,不同的是謀劃問題的層次與角度。總之,無論那個方面的計謀,只要涉及的是企業整體性、長期性、基本性問題,就屬於企業戰略的範疇。

　　企業戰略的核心內容包括:企業使命、企業願景、業務組合定位、戰略目標、戰略舉措。企業戰略的核心內容與企業的主要管理職能如圖 3-6 所示:

圖 3-6 企業戰略與企業管理職能的關係

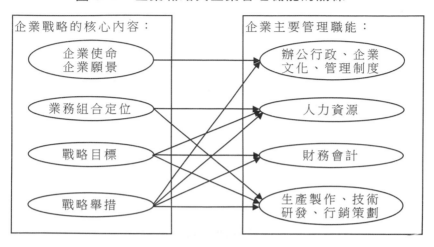

2.企業戰略的三個層次

對於一般企業來說,大致需要三個層次的戰略,即總體戰略(公司層的戰略)、業務單元戰略(事業層的戰略)和職能戰略(職能層的戰略),這三個層次戰略的地位和內容各不相同。

圖 3-7 企業戰略的三個層次

公司層的戰略主要描述一個公司的總體方向,主要包括一家公司如何建立自己的業務組合、產品組合和總體增長戰略。比如,一家公司決定同時從事照明產品、電工產品等幾個領域來保持企業的

快速成長。

事業層戰略主要發生在某個具體的戰略事業單位(比如事業部或者子公司),具體是指戰略事業單位採用什麼樣的戰略來獲取自己的競爭優勢,保持戰略事業單位的成長與發展,以及如何來支持公司層面的總體戰略。比如某企業的其中一個事業部,要採用成本競爭優勢的戰略來獲取自己的競爭優勢。

職能層戰略主要在某一職能領域中採用,比如企業的人力資源戰略、財務戰略、研發戰略、行銷戰略等,它們通過最大化公司的資源產出率來實現公司和事業部的目標和戰略。

它們之間的關係是:總體戰略分解為業務單元戰略,業務單元分解為職能戰略;總體戰略統帥業務單元戰略,業務單元戰略統帥職能戰略。

三、企業組織模式的選擇

企業選擇何種組織結構類型,主要取決於其戰略、業務規模、產品的差異性程度、管理的複雜性與難度等方面。

企業常常會陷入組織模式的困惑:面對不同的組織模型,不知如何選擇;設計了看似完美的組織結構,卻難以實施;僅僅改頭換面,換湯不換藥。

這迫使我們反思:是企業戰略不清晰?是企業執行力不夠?是整體人員素質不高?還是對組織結構的認識不足?讓我們暫時拋開眼花繚亂的概念,重新認識企業,重新認識隱藏在組織模式選擇背後的道理。

　　企業選擇何種組織結構類型，主要取決於其戰略、業務規模、產品的差異性程度、管理的複雜性與難度等方面。

　　企業需要根據自身的戰略與運營策略，規劃出新的組織結構。從戰略的角度出發，如果企業的戰略期望是整個組織具有更高的一致性，那麼在組織結構的設計上往往會更多地強調集權，結構特徵體現為控制跨度小、眾多的層級和職能型的結構；如果戰略是要快速適應變化或複雜的環境或是更積極地回應市場，那麼組織結構的設計會趨向於分權，以扁平的組織結構和以地理、產品或是市場區域的業務單位式結構來適應戰略。從企業的運營策略角度出發，會產生以下三種典型的選擇。

(1)企業運營策略以成本為核心

　　在這種策略下，企業關注的是運作過程的標準化、簡單化，強調高度的控制和集中計劃，從而使各個層面的隨機決策率降到最低。但同時管理層必須具備良好的決策能力，選擇少量的產品類別集中投入，以低成本價格優勢組織大規模銷售。這種類型的組織結構往往體現以下特徵：

　　①企業關注端到端的流程設計與優化，建立簡單、標準的流程；

　　②企業重視強化內部審計功能；

　　③成立獨立部門關注於運營標準的建立和維護；

　　④服務性的部門往往會貼近客戶並提供便利的服務。

　　當然，企業組織結構還受到業務種類、數量和地區分佈的影響。當業務種類和數量越多，地區分佈越廣，組織更多地會考慮分權，組織結構更多地採用產品、事業部甚至是子公司（集團）的結構形式。反之，則更多地強調集權，採取直線職能的可能性越大。

⑵強調以客戶為中心

強調以客戶為中心，提供最佳的解決方案。這種策略下，企業通常是從客戶的長遠價值出發考慮運作，對不同行業客戶需求有專業和深度的瞭解，能根據客戶需求改造和組合服務與產品，能夠具備建立關係，培植緊密關係，深入理解客戶需求並長期向客戶提供服務和產品的能力。

通常情況下要求員工技能多元化，適應性強，從而能靈活處理並滿足客戶的需求。通常的組織結構特徵表現為：

①建立臨時性的項目組，並被派到供應商或客戶處工作；

②企業會重點關注重要客戶，經常按照客戶的行業來劃分銷售組織，並建立全國級和跨國級客戶組織服務大型客戶；

③提供寬廣的產品選擇範圍並為多個客戶細分定制產品；

④通過合併的銷售和服務組來確保減少客戶回應時間，為客戶提供專門的快速服務。

⑶強調技術創新

這種策略下，企業期望具有極強的創新能力，能開發出市場上領先、沒有的產品，那麼企業在業務、組織結構和管理流程上的設置必然要求企業能快速應變，靈活機動並不惜代價在各方面如組織結構、流程、授權、信息分享等具有很高的效率與回應速度，以便加速新產品的上市，從而在組織結構體現出以下特徵：

①圍繞產品類別靈活改變組織結構，組織結構扁平、鬆散，可以隨時重新組合(如項目組)以支援新技術的開發；

②產品設計和市場行銷人員共同協作，以確保產品、技術的市場化；

③業務專家部門作為後援組織服務於整個企業，比如技術支援中心。

四、案例：「章魚足式」擴張的悲劇

韓國的大宇公司曾創造了世界汽車界的一個速成神話。從成立到崛起為汽車業界的巨無霸之一，僅用了不到 20 年時間，這給強調民族自尊的韓國人帶來過無限的自豪和榮耀。但也許超速發展的背後是單薄的根基，時至今日，大宇這座「摩天大樓」的轟然倒塌，又是那麼地令人措手不及。

1967 年，年僅 31 歲的金宇中以 500 萬韓元，按當時匯率計算相當於 1 萬美元的資本，成立了一個只有 5 名職員和 30 平方米辦公室的小公司──「大宇實業」。他從做布料貿易入手，僅 1 年時間就因出口成績突出而受到總統的表彰。20 世紀 70 年代，通過兼併其他公司他將經營範圍擴展到機械、造船和汽車等多個領域。20 世紀 80 年代他將「大宇實業」改為「大宇株式會社」，建立了集團總裁制度，大宇集團初具規模。

20 世紀 90 年代，金宇中將目光轉向了國外。1993 年他最先提出了「世界經營」的口號。從此為選址建廠他奔波於世界各地，羅馬尼亞、波蘭、烏茲別克斯坦、中國、越南都留下了他的足跡。大宇一時間頗有紅遍全球之勢。

經過 30 多年苦心經營，到 1998 年底大宇公司已成為擁有 41 個子公司、396 個海外法人和 15 萬員工的大集團，在韓國企業中的排名上升到第 2 位，金宇中也一度成為韓國「全國經濟

人聯合會」的會長。

然而盲目兼併、長期擴張的後果，卻是債務如山。

1998 年大宇集團就開始出現債務危機的苗頭，1999 年 7 月，大宇集團陷入了嚴重的流動資金不足，金宇中雖然極力挽救，但終究無力回天。同年 11 月金宇中辭去集團總裁職務，債權銀行主導了大宇的結構改造，大宇集團從此分崩離析。在此之前的 1999 年 10 月，金宇中去中國煙台參加竣工儀式的機會出走歐洲，一去不回，「大宇神話」成為歷史。

2000 年 10 月 11 日，大宇汽車公司 100 多位高級執行人員集體引咎辭職，當中包括公司兩位總裁。公司的主要債權銀行——產業銀行、漢城銀行和第一銀行 2000 年 10 月 6 日向大宇汽車公司發出償還 3900 萬美元巨額貸款的最後通牒後，公司於 10 月 31 日在絕望中拿出了擬就的「自救計劃書」，其中包括裁員 3500 人的條款。此後，公司又與工會進行了勞資磋商，經過兩天艱難的討價還價，雙方未能就自救方案達成一致。在這種情況下，各債權銀行於 11 月 8 日召開銀行會議，宣佈大宇汽車公司破產。

經營界人士認為，大宇破產的主要原因主要有幾點：

1. 借款經營的局限。金宇中的發跡固然有其自身努力的原因，而政府給予的支持也是重要因素。金宇中在創業前期正趕上政府主導型開發政策大行其道的時候，加上金宇中的父親曾是韓國總統朴正熙的老師，基於這層關係，金宇中在發展初期得到政府的大力支持，他很容易從銀行得到各種貸款用於兼併其他企業，大宇因此飛速膨脹。這種「借款經營」的思維在金宇中腦海裏形成了定式。20

世紀 90 年代以來，他雖然高喊「世界經營」，但骨子裏仍然是「借款經營」的模式，海外工廠大部份都是利用當地貸款建成，根本不講財務結構與債務比例。實際上他的經營方式就是國內、國外到處借，如此循環往復，債台高築是必然的。20 世紀 90 年代後期，隨著韓國總體信用下降，當銀行對於大宇的貸款不再慷慨的時候，金宇中便走進了死胡同。

2. 過度擴張的局限。韓國的大企業集團是 60 年代在政府的扶植下發展起來的，在韓國的經濟騰飛過程中功不可沒。然而，這也使企業界滋生了所謂「大馬不死」的心理，認為企業規模越大，就越能立於不敗之地。無限制地、盲目地進行「章魚足式」的擴張成了韓國企業推崇的一種發展模式，而大宇正是這種模式的積極推行者。據報導，1993 年大宇總裁金宇中提出「世界化經營」戰略時，大宇在海外的企業只有 150 多家，而到 1999 年底增至 600 多家，「等於每 3 天增加一個企業」。1997 年底韓國發生金融危機後，其他企業集團都開始收縮，但大宇仍然我行我素，結果債務越背越重。

大宇集團在過去 30 年間飛速發展的最重要秘訣就是「兼併」，金宇中被韓國人稱為「兼併大王」，原因就在於此。20 世紀七八十年代，他利用自己容易取得貸款的優勢收購了大批經營不善的企業。這樣做的好處是能夠儘快進入其他生產領域從而達到擴張的目的，效果也確實明顯。一個名不見經傳的小貿易公司因此很快成為擁有眾多業種、眾多企業的大集團，成長速度是驚人的。但是這樣做也有其缺點，因為所有這些經營不善的企業都是負債累累，兼併得越多，大宇的債務負擔就越重，而且由於兼併速度過快，大部份債務沒有得到妥善處理。這意味著從兼併開始就埋下了禍根。在能

夠繼續取得貸款的情況下固然不成問題，一旦金融阻塞，火山就會
爆發。

由於金宇中在大宇的成長過程中嘗到了兼併的甜頭，所以他對
「兼併」情有獨鐘。在海外擴張中也用了同樣的手法，而且速度更
快。1993 年他宣佈「世界經營」時，大宇擁有的海外法人不過 150
個公司，而到 1998 年底竟然達到 396 個，所謂的「世界經營」簡
直成了「濫鋪攤子」的代名詞。1997 年金融危機以後，韓國的大
財閥基本上都收縮戰線，進行內部調整，而金宇中仍視擴張為惟一
真理，1998 年又收購了「雙龍汽車」。無限擴張使大宇的包袱越來
越重，並最終壓垮了這個巨人。

3.盲目自信。1999 年初韓國政府提出「5 大企業集團進行自
律結構調整」方針後，其他集團把結構調整的重點放在改善財務結
構方面，努力減輕債務負擔。大宇卻認為只要提高開工率，增加銷
售額和出口就能躲過這場危機。因此它繼續大量發行債券，進行「借
貸式經營」。1999 年大宇發行的公司債券達 7 萬億韓元。經濟專家
們認為，盲目自信使大宇錯誤地估計了形勢，貽誤了結構調整的時
機。大宇集團債務危機在 2000 年 7 月底浮出水面後，嚴重影響了
金融市場的穩定。

4.調整不當。可以說，大宇提出的一項勞資雙方缺乏溝通諒解
的，也就是所謂「迄今最為嚴厲的改革方案」，直接導致了它的「熄
火」。2000 年 10 月 31 日，大宇汽車經營方提出將 54 個營業單位
縮減為 39 個，職員裁減 3500 人，估計節省費用近 5000 億韓元。
雖然韓國政界、經濟主管部門及銀行界對此方案較為滿意，但普遍
對其執行能力表示懷疑。據瞭解，根據韓國的傳統，如果勞方對結

構調整方案表示強烈反對的話，該計劃就無法正常實行。大宇的工會部門以前任社長已定下 5 年僱用保證為由，堅決反對大幅裁員，從而直接導致大宇迅速「熄火」。

5.「財閥體制」不再適用。在韓國，長期以來巨人公司被認為是越大越成功，這個國家的大多數企業集團目前還是家族企業、「財閥集團」，他們在政府的直接支持和信任下日益擴張，成為國家經濟增長的主要動力。這種類型的企業可以追溯至日本在戰前財閥基礎上形成的企業。這類企業的運作良好，促使韓國在朝鮮戰結束後紛紛仿效，並在一代人的時間裏實現了經濟繁榮。但是家族制和政府作後盾的企業模式存在重大隱患，企業老闆和政府官員間的緊密聯繫滋生著官僚主義和腐敗，這種家族式領導、章魚腕足式的擴張，不惜血本的競爭和重覆投資等弊病招致了經濟界和國民的強烈批評，成為危機醞釀的根源。

經濟專家們指出，無論是國際經濟的大趨勢還是經過金融危機的韓國國內市場，都已顯示出「財閥體制」不再適用於韓國國情，韓國經濟發展所賴以依靠的大企業集團結構和「大船團」式經營已經到了「非徹底整改不可的時候了。」

從大宇的破滅可以得到如下啟示：

1. 盲目擴張不可取

大宇集團在過去 30 年間飛速發展的最重要秘訣就是「兼併」，金宇中被韓國人稱為「兼併大王」原因就在於此。這樣做的好處是能夠儘快進入其他生產領域從而達到擴張的目的，效果也確實明顯。一個名不見經傳的貿易公司因此很快成為擁有眾多業種、眾多企業的大集團，成長速度是驚人的。但是，因所有這些經營不善的

企業都負債累累，兼併得越多，大宇的債務負擔就越重，而且由於兼併速度過快，大部份債務沒有得到妥善處理。在能夠繼續取得貸款的情況下固然不成問題，一旦金融阻塞，「火山」就會爆發。

2.組織戰略調整要有遠見

信息社會裏，越是「巨無霸」企業，越要對市場和經濟環境敏感，及時進行前瞻性的戰略調整。通用汽車公司宣佈 2001 年第一季的產量再削減 6%，原因是經濟前景不明朗和消費者信心不足。1999 年 10 月從雷諾到日產出任總裁的高森，通過降低採購、行銷、管理費用，同時剝離、減員 8800 人，新增技術人員 1000 人，加強研究開發和技術革新，僅用了一年半的時間，就使巨額虧損的日產汽車業回升。這些例子都說明，企業進行前瞻性的「自我調整」是何等重要。韓國大企業素來缺少一種良好習慣，即通過持續降低成本和縮小低效率資產的規模，進行前瞻性的「自我調整」。在經濟復蘇後的階段，歐美企業關閉或合併的案例越來越多，而人們很少在韓國看到這種情況。

3.體制結構要適應發展

在過去兩年時間內的改革中，韓國大企業集團的結構調整取得了一定進展，但財閥集團家族式的領導結構、「船隊式」的經營傳統等並沒有被真正觸及。目前韓國大多數企業集團仍是家族企業，企業老闆和政府官員間的緊密聯繫，滋生出官僚主義和腐敗。企業可以借債擴張，而且膽子越來越大，逐漸出現巨頭控制宏觀經濟的局面，其觸角無處不在，中小企業受到壓制，經濟缺乏活力，體制脆弱。大宇汽車能夠掙扎一年多，就是由於不斷地得到銀行低息貸款。韓國銀行雖然基本上是私人的，但董事長由政府任命，政府可

以指揮銀行投資給誰和利率多少。大財團獲得資金很容易，利率又低，因此可以不負責任地盲目舉債擴張。而銀行有政府撐腰，對自己放出的貸款也不負責任。因此，只要韓國陳舊的金融體制沒有變化，企業結構和資產的重組就難以順利進展，就還會有大大小小的「大宇汽車」破產案持續發生。

心得欄 _____

_____

_____

_____

_____

_____

第 **4** 章

組織編制的精簡化

　　大企業的組織圖是個異常複雜的，該組織圖的縱向一般來說是部長、課長、科長的職位，在這些職位和人名的旁邊，還寫著一、二個人名，而且，還寫著代理部長、部長助理等人的頭銜和人名，該組織圖就是這樣交錯羅列而成的。

　　儘管企業規模不再擴大，但具有管理者資格的人員不斷增加，不得已，只好在縱向層次的職位旁邊又添加人名。

　　在某公司縱向組織的層次上，先是董事長→總經理→副總經理→專務董事→常務董事→董事六個層次；接下去是部長→代理部長→部長助理→次長→課長→代理課長→課長助理→科長八個層次。

　　從董事長開始算起，竟高達 14 個層次之多。公司組織擁有 14 個層次，是否就是現代的組織，實在大有疑問。

　　擁有這樣龐大組織的公司，總有因應的辯解。例如，他們會說：「這十四個層次並非全是命令系統。命令系統只屬部長、次長、課

長、組長。代理、助理不是命令系統，只是專職人員。所以，與別的公司相比，縱向的層次並不多，本公司專職人員的培養才是現代化的方向」。

但是，辯解的理由與實際的情況未必一致。這樣的公司，一進入某部門的辦公室，便可看到位於中央的是部長，其左右有代理部長、部長助理、次長、課長、代理課長、課長助理，宛如群星般排列著。高位上的人太多了，究竟那位是部長也不能確定，於是只有根據辦公桌和椅子的大小來分辨了。

命令系統與專職人員該怎樣區別？全都是命令系統呀，因為單槍匹馬做事容易碰壁，所以把全體人員當作命令系統，這樣工作才能避免錯誤！

這算什麼現代化？可說是組織僵化的典型。

一、「資歷」不等於「能力」

職位名稱上帶「長」字的公司成員大約佔 1/10，為什麼必須有這麼多名字上帶「長」字的人呢？而這些人究竟在做些什麼工作呢？

日本的公司，論資歷排輩型兼終身僱用制，此外，在公司中具有大學學歷以上的人正急遽增加。

另一方面，工作人員待遇的分配方法，在提高薪資方面，是按從事事務工作的種類，和晉升為管理職務而定。不能按專家待遇決定薪資的地方，這種傾向就更加嚴重。

這樣的結果，就必然促成以下的情況，即「終身僱用→論資歷

排列→大學畢業生邉增→管理者劇增」。大學畢業後進入公司工作的，如果到了 35～40 歲，名字上還沒掛上「長」字，這樣的人可以說是例外，所以就會造成「管理者氾濫」。而且退休年齡的延長，將造成管理者的急邉增加。

當然，有些公司定有考試制度，也有大致進行篩選的方式。但是這種考試的公平性令人置疑。一般來說，員工只要經過一年或兩年左右的磨練就可晉升，並授與管理者的資格。

根據學歷和資歷而晉升的管理者增加，導致有管理者資格的人員越來越多。管理者的數量增多，就不能只設一個管理者的等級。在管理者中又必須排列順序，而且為提高士氣，便不得不考慮工作人員的晉升。

由於管理者的數目增加，自然會形成「金字塔」排列，管理者縱向的層次便不斷地增加。僅是部長、課長、組長不夠用，便加上「代理」、「助理」，甚至加上其他的名稱。這樣一來，名字上帶「長」的人，當然也就增加了。

管理者的增加，等於組織編制的複雜化，對企業或個人都有好處嗎？對於成長期的公司來說的確有好處。例如建設新工廠時，把人往新工廠輸送的時候，只要將現有的課長或者代理課長送到新工廠就成了，即使不考慮管理者的培養也無妨。另外，制定事務手續和規劃等等，只要把現有的手續和規則繼承過來即可。

企業規模的擴大時期，公司將成為培養管理者的場所，也是儲備管理者的地方。如果勉強舉出管理者增加的好處，就是由於組織層次多，無論決定任何事項，都會經過各層管理者多次核對，也許可使錯誤減少。

具體工作先由組長核對，然後經課長、部長、董事長逐級核對，這種使工作不出錯而進行的核對，或許也可說是對幹部的一種教育。

二、管理者氾濫

即便說組織層次是教育的地方，實際上在公司中刻意地當作教育，而加以利用的情況並不很多。直截了當地說，是組織編制的多層化，在公司中呈現出許多缺點。

第一，使上下的情報流通混亂。許多話在若干層次間，來來往往的過程中，常常發生以訛傳訛的情況。只要是能將內容的一部份傳達了，還算是好的，有時甚至會表達得完全相反。

第二，組織編制的多層化，使得各層次的任務模糊不清。組長做到什麼程度？課長做到什麼程度？完全是模糊不清的。因而在公司中，許可權無法依序下達，而希望許可權進一步下達的意見則此起彼落。

從屬下的角度來看，管理者都在做些什麼？讓人無法理解的情況很多。之所以如此，是由於管理者沒有徹底進行內部管理，往往為做好上司或其他部門之間的關係而四處奔波。

第三，管理者本人一方面受到來自部下往上推的壓力，另一方面受到來自上級的壓力。管理者本身無法行動，結果演變成「什麼事都不做比較保險」的心態。實在無法與剛成為管理者時的氣勢相比，總會擔心做錯事，不知不覺之中便鬥志全無了。

還有很多缺點不勝枚舉。從管理者與組織層次來看，由於管理

者過多,而且由於層層重迭,管理者的工作與實際情況,已變得模糊不清。

在考慮工作效率化時,往往只能達到目標值的 20%～30%,而對管理來說,根本談不上 20%～30%。現在,管理者的數目只要 1/3～1/5 就可以了,有些公司甚至 1/10 就夠了。

假設一個公司擁有 3000 名工作人員,名字上帶「長」字的人至少有 309 名。把 300 人負責的管理工作,由 100 人承擔並不困難,甚至 60 人、30 人都不成問題,多餘的管理者不只佔 10%～20%。

三、要充分發揮管理者的才能

管理者都具有 10 年～20 年的資歷,在管理的能力方面也許還存有許多問題。但是就以 10 年、20 年的資歷來說,硬是讓自己做不擅長的管理工作,並不是好事,本人也會很煩惱。

讓這樣的人們把管理的工作停掉,發揮過去的工作經驗,從事實際業務,會比基層的工作人員處理得更好。有許多人在團體中有順利完成工作的能力,與其讓他做管理的工作,倒不如從事實際業務,這樣會使他更有朝氣、更有幹勁。不要把欠缺工作能力的管理者,配置在高位上陳列起來,要把他們轉到實際業務上去,讓他們順利地發揮自己的才能。

如上所述那樣,讓資歷深的員工在實際業務中有所發揮,尚存有以下四個大課題。

第一,為了使管理者的任務明確,應該下決心把組織的縱向層次平面化,即所謂的組織精簡化。雖然還要有董事的層次,但除了

他們以外，最多僅設部長、課長兩個實質的層次就夠了，其他層次對管理並沒有好處。也就是說，在每一個目的與任務明確的小組中，安排一個「長」，這是第一層次。由於 10 人甚至 20 人的管理者範圍不易領導，所以再設第二個層次，與董事層次（總經理等等）保持關係。

第二，這樣的結果，管理者人數要減少得多。為此，就可以從現在的管理者中選出真有管理者素質的領導者。這並不代表管理者就是「偉大的」人物，而是認為管理者應是擅長管理的人，具備領導部下完成任務的能力。

只要是按照這樣的標準來選擇。管理者的任務和能力就明確了。那麼公司的管理水準就會顯著地提高，與其挑選出某個有能力的人來擔當，還不如使整個管理者層次的水準都提高，這才是徹底的解決辦法。

第三，對於嚴格選擇的優秀管理者，必須給予恰如其分的嚴格要求和待遇，如果當上管理者既沒有加班費，又降低工資，那樣就不可能期許管理者提高能力。

第四，使脫離管理者工作，而回到實際業務的人們，盡可能發揮他們特定的專業能力，並且，朝著協助管理者的方向發展，同時也得到專家的同等待遇。享受管理者級別的待遇，需要有地位，但如果難以給予專家的頭銜，可以考慮用金錢給予報酬的辦法，必須使人感到：不僅僅是管理者具有魅力，即使非管理者，單就能力而言，也有很大的魅力。

管理者的確很多，但奇怪的是公司沒有發揮這些人的作用。從這些人中分別選出極出色的管理者，和極出色的專家來，使之成為

公司的核心。今後，只有管理階層與專家的能力得以發揮，提高工作效率的希望才大有可為。

四、組織精簡的方法

1.精簡組織的目的

精簡組織針對的是管理層，讓管理層數量優化，同時把合適的人放在合適的位置上，實現「人盡其才」，而不是「人浮於事」。其主要目的不是降低人工成本，而是在全公司範圍內營造一種真正重視成本，全員參與成本控制的氣氛，從而有利於將公司轉變成能有效控制成本的組織。

員工都是很實際的，他們往往將上司當作行動的榜樣。如果管理層人浮於事，則操作層也會有樣學樣，很難將行動統一到成本控制上來。

2.精簡組織的三大原則

精簡組織是見仁見智的事情，沒有統一的標準。但我們仍然可以遵循三個基本的原則：

⑴存在價值。精簡組織時首先是看組織裏面的某個部門或者職位是否有存在的必要，沒必要存在的就果斷地刪減。

⑵管理幅度。如果必須存在的部門或職位，接下來要審視其管理幅度是否合理，關鍵是不能太窄，也不能太寬。幅度太窄不能人盡其才，容易人浮於事。幅度太寬又不能面面俱到，最終管理的效率太低，等於沒管。

⑶管理層次。最後還要審查管理層次是否合理。核心是簡化管

理層次，宣導扁平化管理，同時注重合適的彙報關係，越是對利潤影響大的部門越是要提高其彙報層次，最影響利潤的部門要直接向總經理彙報，例如採購部門與人力資源部門。

3.精簡組織的具體方法

首先要明確的一點就是，在進行組織精簡時，要「自上而下」來進行分析，而不是「自下而上」，即先從最高的管理層來分析，然後逐次往下。

一家有百年歷史的製藥公司，以往的年銷售收入在 2.5 億元左右，但過去幾年中其利潤卻下降了 33%，而在此同時該行業的其他公司利潤卻增長了 77%。

公司請來了製藥業一位老手來解決這一問題。他立即對管理部門進行了徹底檢查，並開展了一場嚴厲削減成本的運動，公司為此毫不猶豫地辭退了十幾名不稱職的高級管理人員。

這位老手還告誡公司董事局：「不稱職的人職位越高，對公司的破壞力越大，處理這類事情必須及時果斷，毫不手軟。」

這案例告訴我們，要解決利潤下降的問題，就必須削減成本。削減成本首先要從組織結構入手，從高層的管理人員入手。在展開組織精簡時，可遵循如下四個步驟：

第一步，這職位是「因人設崗」還是「因事設崗」

有些企業存在一種現象，因為有些人不好安排，特地為他找一些事情來做，然後設置一個部門或者職位，這就是「因人設崗」，顯然這樣的部門或者職位應該考慮去除。我們鼓勵的是「因事設崗」，即為了完成組織的任務，確實有很多事情要做，然後才去尋找適合的人來完成，並且為此設立相應的部門或者職位。

第二步，要關注管理幅度。

管理幅度不能太窄，也不能太寬，太窄或太寬都要進行調整。合理的管理幅度通常在 7～10 人。當然這並非絕對，不能說 7 人以下就太少，或者 10 人以上就太多，這取決於組織的規模以及管理者的能力差異。

第三步，要審視管理層次。

管理幅度合適了，還要講管理的層次。公司內部彙報層次的多少，將直接決定這個組織運行的效率。彙報層次是指從公司總經理到普通員工中間隔了多少層，層次越多，越容易出現「上令不能下傳，下情不能上呈」，管理就會出現失真，從而降低工作效率，所以一定要有合適的彙報關係。同時，最影響成本的那些部門，要提高其彙報層次，盡可能直接向總經理彙報，從而讓高層能更直接地影響或者關注成本控制，並且將成本控制措施更有力地落實到位。

第四步，評估精簡組織的直接效果。

一開始分析組織結構時，就要註明各個管理職位的年度薪水，這樣在組織精簡之後，立即就可以知道每年能為公司節省多少錢。當然如果考慮到相應職位的福利支出，這種節省會更為可觀。

五、部門存廢的反思

以小型工廠的內部結構， 20～30 人的小型工廠為例。在小型工廠，幾乎看不到像大工廠裏的總務、人事、經營管理、採購、銷售、生產技術、品質管理等職能分工，結構的確簡單，只有帶班一人，女辦事員一人，其餘全部都是工人，可是，一旦成為大規模的

企業時，就變成了另外的形式，有接近半數的人，將不從事直接生產。

　　組織結構龐大的工廠，在研究開發設計等創造功能方面，與小型工廠相比，自然會有差別。

　　但是，由各種「專業職能」的隊伍所武裝起來的大型工廠，真的那麼有「創造性」嗎？

　　在大規模企業的結構方面，接近總人數的 1 / 2，是由各種分工的間接部門人員所組成，在組織方面，是由幾十、幾百個職能部門排列而成。因此，大規模的企業，與小型工廠有差別，是理所當然的。這種看法，只是形式上的，根本忘了問題的本質。

　　雖然已進行了嚴格的分工，但是專職人員果真具有高水準的專業能力嗎？直接部門做不到的事，職能部門果真能做到嗎？雖然專業能力並非那麼了不起，但在同一個公司裏，如能請他們幫助，不就能解決問題嗎？

　　在分工方面，還存在第二個疑問。各部門的工作集中起來，成立一個部門專門管理，反而浪費人手。例如，工廠內部設有郵件系統，有的公司為了專門收集和遞送郵件，僱用了 4 人。可是，當取消了這個制度，由各部門分攤的時候，那個部門也不需要增加人員。因此，把工作分散到各部門也許更有利。

　　僱用較高學歷的工作人員，其能力將大為提高，即使不依賴專職部門，也能盡自己的力量完成工作任務。此外，正如「郵件」的例子那樣，如果分散到各部門的話，就可以化為個人的「消遣」性活動。如果是集中到一個部門去做的話，就要由專人統籌管理。

　　公司當中必須反思的問題很多。例如，專職部門幾乎對增加產

量並沒有貢獻，但卻力圖把自己的部門加以擴大和加強，這種傾向很明顯。無論在人員方面，還是在預算方面，專職部門真能說是「賺錢的部門」嗎？有價值的專職部門是否存在？這樣的專職部門，有什麼具體的目標，該朝什麼方向努力呢？打算到什麼時候完成呢？

生產線必須自律地實行生產效率管理，要自主地根據工作量確定人員的編制，不使專職部門過於勞累，當然也必須著重提高生產成果。

除了大方向的計劃、安排外，另以小階段為中心的工作進度，有必要成為生產線監督者的工作重心。在生產線上，常會見到專職幹部身邊的基層人員東奔西跑，這顯示了監督者的能力欠缺。小階段計劃及其進度，是以第一線監督者為中心，指示工作及追蹤，這也是第一線監督者有存在必要的原因。所以，首先加強第一線監督者的能力，基層人員就可以大幅度地精簡。

上述任務由第一線監督者一人完成，有時是困難的，必須事先對生產線上的全體人員進行指導教育，使全體人員熟知小階段的計劃及工程進度，當有突發狀況時，必須把情報訊息，準確、迅速地通報給第一線監督者。

各企業的第一線監督者，多為高中畢業、30 歲上下的階層。根據現狀來看，第一線監督者，應該很容易吸收工業管理的知識。而專職人員應把業務讓給現場監督員，然後自己轉到關係著公司利益的崗位上去。

技術人員的陣容到底應該有多大？首先，把他們的能力分成 A 至 E 五個等級，然後，把 A 級的監督者與大學畢業的技術員比較一下。真正有價值的技術員到底有多少人呢？若全都是 A 級監督者的

話，那麼，技術人員只要現在的 1/3 就足夠了。

六、專業職能部門的存廢原則

如果工廠各職能的分工有意義時，就要以具備「高水準的專業能力」為前提。

生產人員本身，若是同時負責降低成本和品質管理方面的業務時，則其技術、管理水準便很難提升。而設置專職人員之後，由於擁有專業能力，自然能幫助直接生產的工人。

生產技術部門，正是這樣的部門。因此，若想要這樣的部門存在，專業能力就應該設法提升，必須具備直接生產部門達不到的水準。

第二種情況，是專職部門不需要特別的專業能力，但是，如果由直接生產的人員兼任的話，則會浪費時間、帶來麻煩。因此，如果能把各部門的職能集中的話，即可恰如其分地縮減編制。

小型工廠交貨處的質與量要求嚴格，可僱用專業的品質管制專家，擔任工廠廠長的助理。工廠廠長若想自己來，也可以，但是，由於時間不夠，所以，僱用女辦事員比較合適。

七、案例：企業組織的精簡作法

某公司的生產組織結構如圖 4-1 所示，向總經理彙報的有一個運作總監，當然還有其他的部門，例如市場部門、銷售部門、財務部門等。向運作總監彙報的有三個人，分別是生產管理（即生產計

劃與庫存控制）、廠長以及採購經理。向廠長彙報的又有四個部門
經理，分別是品質經理、生產經理、工程經理（負責動力及設備維
護與維修）以及人事行政經理。生產經理下面有兩個主管，一個是
製造主管，一個是裝配主管。每個主管分別管了 3～4 個領班，領
班下面標註的是他們所管理的工人數目。這個生產組織管理人員某
個階段的工資總額為 424000 元。

圖 4-1　精簡前的組織結構

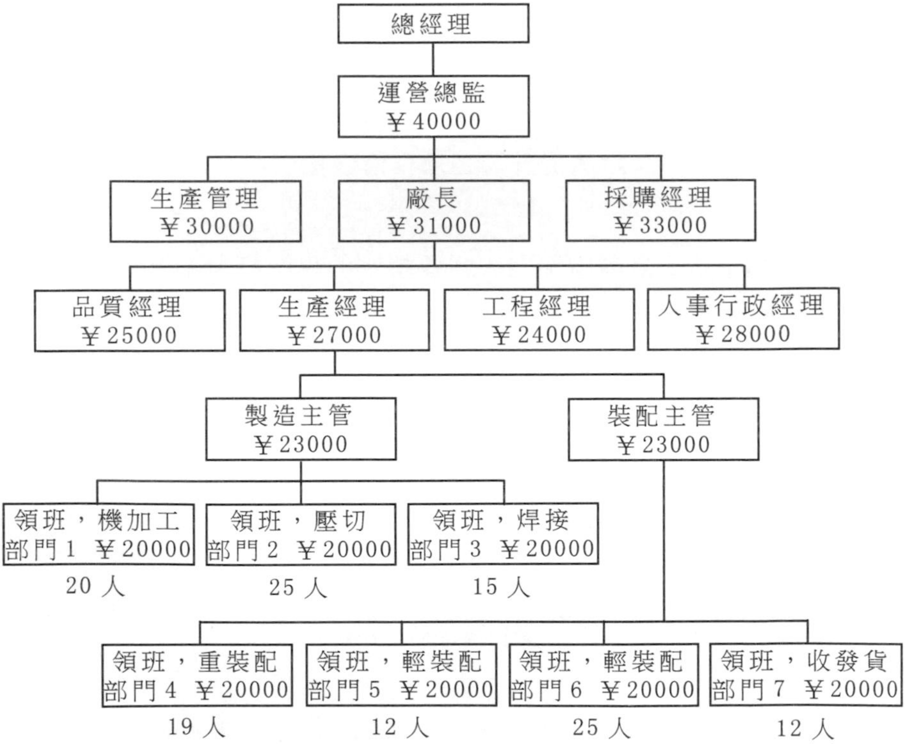

這個公司直接從事生產的工人總數為 128 人，組織結構顯然不
合理，需要精簡。

（一）精簡組織的思路

⑴將關鍵部門的彙報層次提高到盡可能高的層面，與它們各自職能的重要性相一致。

⑵重新安排彙報關係，使有關部門向合適人員彙報。

⑶裁減使用不當的人員，尤其是管理人員；如可行的話，合併一些部門。

⑷盡可能減少管理部門彙報層次。

⑸根據生產組織中每個人的優缺點作最後調整。

⑹組織結構分析沒有絕對標準，參照基本原則並結合個人判斷。

（二）精簡組織的過程

根據上面的思路，首先去掉「運營總監」，然後去掉兩個「生產主管」，輕裝部門的兩個領班可以合二為一，去掉其中一個。刪去一些職位之後，再將採購經理與人事行政經理的彙報級別提高到與廠長相同，直接向總經理彙報。而生產管理的彙報級別降低改為向廠長彙報。精簡後的組織結構見圖 4-2，從管理幅度與管理層次來看，比精簡之前的組織結構明顯改善了。

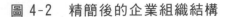

圖 4-2　精簡後的企業組織結構

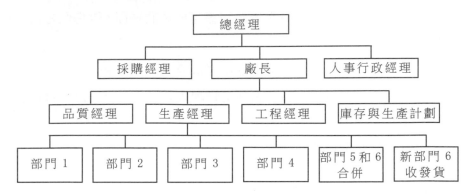

（三）精簡組織的直接效果

去掉四個管理職位之後，每個階段節省工資支出 106000 元，相對於總工資 424000 元，節省 25%。如果同階段銷售收入是 500 萬元的話，這個節省就意味著可以增加毛利 2.12%；如果同階段銷售收入是 1000 萬元的話，就可以增加毛利 1.06%。這是非常可觀的貢獻。

如果說上述案例中精簡前的組織結構比較誇張，現實中很少存在，那麼下面案例中則是一個真實的公司組織結構。

該公司年度銷售收入 2 億左右。首先觀察一下向總經理彙報的有多少人，5 個副總經理，加上 3 個特別的部門或職位。從總經理管理幅度來看，管理 8 個人好像沒有太大問題，但是下面的每個副總經理分別管理了好幾個部門，每個部門都有一個經理，有些甚至還有部門副經理。例如其中一個副總經理管的是銷售、供應和倉儲，供應與倉儲分別設立了一個部門經理，銷售則有一個正經理、一個副經理。這個公司總人數接近 220 人，稍微審視一下這個組織

結構，就會發現管理職位與管理人員太多了。

圖 4-3　某公司的組織結構

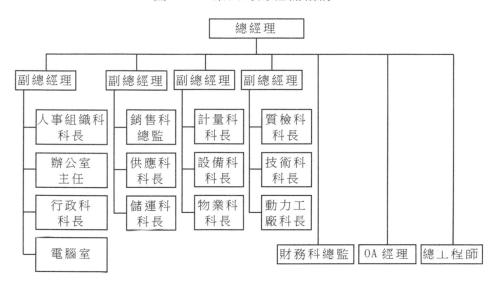

同時還有一個奇怪的現象，這些副總經理多數又交叉兼任其他副總經理下面的某個部門經理職位。例如，管人事的副總經理同時又是質檢部門的經理，管生產的副總經理同時又兼任了辦公室主任，當然還有其他交叉彙報關係。大家想一想，這種交叉彙報的關係，會帶來什麼樣的問題？每一個副總經理，同時又向其他副總經理去彙報，導致很多事情最終就沒人去負責了，下面的管理人員也會感覺很迷茫，不知道究竟該向誰彙報。

第 **5** 章

掌握組織實況，才能進行改善

　　進行改善首先要瞭解事實，由於實態無法書面化，所以掌握業務內容的實狀是很重要的。

一、掌握業務內容的實態

　　直接接觸實態，就是掌握實態的基礎。直接接觸的首要之務，就是到現場觀察。若是要改善辦公室的工作，那就得走進辦公室。在自己的座位上翻閱資料、或聽別人告訴你的意見固然很重要，但總比不上親自到現場去看看。當然，在現場所聞所見的就是實態的基礎了。

　　到現場去，才會有問題的產生與解決的重點。

　　到現場去用眼睛看，但可不是馬馬虎虎地看，若是帳單票據之類的，就要一項一項具體地核對才行。

　　要看票據具體記載的地方，這樣就能瞭解最初記入的內容、時間、速度、作業的環境、氣氛與忙閒。不僅如此，還必須具體地觀察整體的工作場所與人事。

　　提到票據，每人所保管的量都很龐大。所以單看樣本是不行的，還要打開櫥櫃過目所有的檔案。而間及別人所說的資料，應該也只是其所保管之資料的少部分而已。

　　把握實態的基本，最重要的就是去現場觀察，並向本人直接提出問題。直接接觸實態，不但能掌握問題的發現與解決的線索，而且在說明時也能增加說服的魄力。

　　若隨便地觀察實態，將無法掌握問題所在與解決的線索。站在改善的立場，含混模糊掌握問題的方法，根本無法達到改善的目的。

　　沒有比用數字來表現事務的能力更強的了，只要是正確的數字，而且很有自信地說出來，對無法說出數字的人而書，就具有很大的說服力。

　　一般人所提出的意見當中，類似這樣的表現是經常發生的。就像「很多」、「好厲害」、「不得了」這類的表現方法。若只是閒聊的話，怎麼說都沒關係，但站在改善及掌握問題重點的立場上，這樣的表現法就無法明確地指出問題重心了。

　　即使在公司裡，技術人員習慣用數字來表現工作事務，但換成了事務人員，很明顯地用數字來表現工作的能力就差了。如先前的例子，如果說「上個月和上上個月比較起來，增加了百分之五十」，就能具體地表現出問題的大小程度，清楚地說出問題的輕重。

　　要掌握工作的實態，首先就從調查個人的業務開始，還有一個連接機能單位的方法。由訂單到生產、出貨、收款，或由下訂單到

驗收到付款等，掌握公司中這種連續流程的實態。

要清查每個人的業務，首先就要每個人將自己的工作，以自動自發且又能觀察到的行動開始。何謂能觀察到的工作呢？一般而言，就是將自己所做的工作內容記錄下來。

掌握工作所有的流程，必須要清查出個人的業務後，再匯集到部門去才行。特別是為了能充分運用個人的能力，或者在部門單位能產生效果，則清點個人的業務是有絕對的必要。

從機能的流程來看時，其弱點在於即使流程是有效率的結構，卻很難看出部門單位的改善效果。由這個意義看來，要全數清查辦公室的工作，由清查並分析每一個人的工作內容是最確實，也是最有效率的方法。

為了使每個人能自動地去改善自己的工作，所以最好分發每人一份為改善個人工作的「查驗表格」，一方面查驗自己所寫下的每一項業務，一方面找出改善點。

改善工作人員在分析個人業務時，經常會以個人的業務內容記錄表來進行面談。第三者根據面談來進行分析時，這個業務內容記錄表是必備的資料。接受面談的一方可以根據記錄下來的資料，很容易整理出一年中自己的工作，並加以說明。而進行面談的一方，也可以事先閱讀這份記錄表，而很容易地聽了說明以後提出質問。

一般面談都是一對一進行的，在此最重要的，首先就是要清楚地瞭解對方的工作內容，才可以找出對方改善工作上的缺失，以提供對方有關改善方面的重點意見。所以希望對方充分表達意見是很重要的，也可以在對方的意見中找出一些改善的線索。

業務改善的面談的基本問題就是「5W1H」。也就是誰（Who）、

在何處(Where)、何時(When)、做什麼(What)、為什麼(Why)以及怎麼做(How)。

1. 落伍的辦公室改善

想要解決已經發生的問題，或是想改變現狀時，首先就須明確掌握現況。

17 世紀以來，這也被視為科學的步驟，並在公司內部的各類改善活動中，常常被拿來援用。同時，它也深入於公司生產部門的改善工作中，而持有這種觀念及技術的專業人員，也與日俱增。

可是辦公室的改善並未被徹底執行，且這方面的專業人員也比較少。原因可能是在於白領階級，尤其是高階主管認為多花時間在掌握實況上，是一種浪費，或許大家在潛意識中都認為自己「瞭解問題，就是了解實況」。

2. 設計好調查內容

很多人都認為掌握實況好像是在調查一件早已知道的事情，並且認為問題的改善方向十分重要，而改善方法則十分困難。因此設計好調查內容，將是一件很吸引人的工作。

設計調查內容，是十分強調目的及改善方向的，所以，在假設的前提下，它並不至於忽略對實際狀況的把握。要進行具體改善時，就必須明確掌握工作的順序、方法、工作分配、基準及工作量等，而這也就是所謂的掌握實際狀況。設計調查內容的目的即在警告我們，即使要詳細地調查實際情況，也不要因為受制於現狀，而導致無法進行改善。因此想藉設計調查內容的名義，故意忽視現狀或從現狀中脫身，都是錯誤的想法。

3.辦公室的實際情況

坐辦公桌的工作實況,是很難掌握的。在歐、美各國對於工作分配的規定比較完備,但在我們的社會,這方面的數據就沒那麼完備了。所以在劃分工作時,頂多也只是些關於分工分責及主要制度的規定而已。而這些規定又往往與實際情況相差甚遠。

大多數的白領階級都處在分工不明確的狀態中,他們大多只憑前輩簡單的口頭說明便繼承其職務。雖然前輩們經驗豐富,且擁有高超技術,但都未將此記錄下來,一切便全憑記憶。

所以,當想進行實況調查時,根本看不到任何具體的內容。因為,當他們有需要時,他們只要回想得出來就行了,但這會使第三者無所適從。所以,如果真要調查實際情況,就要追根究底地請教前輩們。

可見白領階級的業務實況是「肉眼看不見的」,而在這種情形下,根本無法著手進行改善。若想進行改善,至少得先將實際情況變成肉眼可見的之後,才有可能考慮。

4.要改善必須首重 FACT

某大企業為改善公司體制,特從美國聘來一位一流顧問,期待這名顧問能給公司帶來高人一等的嶄新觀念及做事方法。

沒想到這名顧問在強調「FACT、FACT」之後,便毫無驚人之舉地回美國了。公司對此感到十分失望,認為「這還用得著你說!」可是後來卻深切體會到想要改善,首先必須「注重事實」的道理。無論世界各國,改善的基本條件都是在「先掌握實況」,已是不容爭辯的事實。

若要改善必須首重事實。處理日常業務或運作時,掌握實際情

況，不見得很有必要。因為，即使在沒有實際資料的情形下，業務也能照常運作。可是，若要進行改善，無論如何便都要確實地掌握實況。

二、確立改善目的並建立假設

1.如何觀察實際情況

在尚未掌握實況的狀態下，儘早掌握其概況，是十分重要的。不過，若想仔細觀察細節，調查工作的全盤內容，則是件不可能辦到的事。因為辦公室的業務實況，包含人與事物在組織中的錯綜關係，內容特別複雜。

因此若想更進一步深入調查實況，便須事先設定好觀點。然後由此觀點觀察辦公室的內容、人與工作的關係及在組織中人與事之間的糾葛。

另一件重要工作是——要先建立朝一個假設的方向進行，然後再朝掌握實況努力。

2.目的與假設

改善辦公室的目的有很多：

· 要用最少的人力完成工作
· 要做更多能提高業績的工作
· 減少目前所發生的失誤
· 使辦公室充滿活力
· 提供一個能夠使員工方便做事的辦公室
· 把辦公室佈置得更美觀

．加強與其他部門的聯繫

由此可知，改善辦公室的目的有很多種，按各種目的從事調查，便能決定觀點。

而由此更進一步，就可以建立假設。要建立假設，必須有相當的經驗，並且要瞭解實況，知道別家公司的做法等，簡單地說，便是要具備以改善為著眼點的相關資料。

譬如，當你一方面想減少人力，一方面又要能夠完成工作時，自然就會想到是否製作過多無用的資料？或是否經常聚集很多人參與冗長的會議等，於是，便會著手進行資料及會議的現況調查了。

如果改善的目的是要讓辦公室充滿活力的話，就可以先假設公司上下間的溝通不夠直率，然後再從問卷調查或個別訪問中查明實況。

3.理想的辦公室

今後辦公室將會朝那個方向發展呢？我們正好都處在必須認真思考這個問題的時期。

辦公室的形態，及在其中工作的白領階層們的工作態度，應當如何呢？因為這樣的疑問，於是就產生了假設。

建立假設的方式有兩種，一是從現有的問題中出發，另一種則在於預測未來、訂定課題。以現有問題為出發的方法，只要詳細觀察現狀，並且詢問實地工作的人，自然便能找出問題所在。

例如，可以從大家的發言中，把握住癥結。此外有關溝通不良的具體事實，則可利用問卷調查或個別訪問來收集種種事例，並藉此建立一個改善溝通的假設。

除了建立這類的假設外，還要考慮到塑造理想的辦公室時，白

領階層應有的工作態度，如此一來，假設範圍就會更廣、更有深度。

三、瞭解實況須實地觀察

1. 勤於走動

想掌握實況必須多接觸實況。接觸實況的第一步是——到現場去。如欲改善辦公室的業務，就必須到被列為對象的辦公室去。當然在自己的辦公室裏查數據，聽聽別人的意見也很重要，不過，最重要的還是要到現場去。到現場當然要多聽、多看，這都是掌握實況的基本。

辦公室的佈置、照明、冷氣等工作環境，還有工作紀律、員工的工作情形和工作氣氛等，必須到現場去，才能真正地瞭解，而且唯有到現場，才能找出問題的所在和解決問題的靈感。

光坐在自己的辦公室裏絞盡腦汁，根本無法找出解決問題的線索，最好還是到現場去，假如花了一個小時都找不到線索，就不妨留在現場觀察一天，若一天還是不行的話，就再多加一天。現場實地觀察，是最基本的方法。

2. 多看

到現場去要多看。不是漫無目的地看，如賬簿之類的東西，就要查看上面的記載是否確實。坐在自己的辦公室光看些賬簿類的空白樣本，對實況的瞭解是一點也沒有用的。

要查看賬簿上的記載是否詳實，才能瞭解記載的內容、時機、速度、工作環境、氣氛等的實際情形。除查看好的賬簿等之外，還要實地觀察包括工作人員在內的整個辦公室的情況。

每個人都保管著大量的賬目單據，除查看樣本外，且須打開檔案櫃查看全部的檔案。因為，除負責人告知的情報以外，所有相關數據都存放在檔案櫃裏。即使是查問對方，也頂多只能問出對方所知的一部份而已。

以發票為例，查看時須將依月份紮成一捆的發票，一張張翻閱，因為發票上記載著公司金錢流動的情形，如某項應酬的支出花費、買了那些消耗品的支出等，從這些賬目中便能看出公司的體系及問題所在。

3.多聽

多聽是指與現在負責該項工作的人見面，當面查詢。不過往往會有「他對現在的工作還不熟，我原本一直都負責這件工作，因此由我來說好了」的情形發生。但是，工作事實卻是在目前擔任該項職務的人身上，即使現任的人經驗淺，工作內容不甚重要，但這才是事實所在。

至於公司以外的事，公司裏的人常會說「我們客戶這麼說……」或「代理店沒這麼想……」等等，似乎他們很知道對方的想法。但這是否是事實，就不得而知了。即使是公司外的事，也要直接去見當事者，當面問清楚他們的想法。因為公司裏的人畢竟是站在公司的立場解釋外人的語意，所以容易發生誤解及偏差。

掌握實況的原則是必須到現場多看、多聽、當面詢問實際情形。直接接觸實況，不僅能掌握問題和解決問題，在向別人說明或說服對方時，也能增加信服力。自己親眼所看、所聽的事，才能滿懷信心地向別人敍述或提出建議，由此可知改善方案的好壞與改善的成果，和實地觀察的時間成正比。

四、以正確的數字，對問題所在做定量的把握

1. 將問題明朗化

漫無目的地看實況的話，必然無法找出問題和頭緒。例如我們常聽到「最近抱怨好多」之類的話，假如這句話是在聊天時聽到的，就不必太在意。但如從改善的立場來看，這種模糊不清的掌握問題方式，則毫無用處。

只說「抱怨」是很簡單，但若想改善時，則必須具體掌握這抱怨的來源，究竟是針對產品、或是針對廠商等等。只說「最近」，也會讓人弄不清楚究竟指的是什麼時候。提到時間時，希望能像「上個月的抱怨比上上個月增加很多」這樣，具體明確地指出。

假使能說成「比起上上個月，上個月對 A 產品的抱怨增加一倍」，就能使內容更加明確。掌握實況的要點即在於是否能將實況具體地細分出來，並加以分析。

2. 定量把握

「最近抱怨好多」這句話裏，所謂「好多」極為籠統。究竟跟什麼比才算多，或究竟多到何種程度，必須說得明確才行。

在日常的談話中常會出現這種說法，如「好多」「十分」「相當」等。如果是在聊天倒無所謂，但假如站在改善的立場來看，這種說法就有失明確了。

公司裏從事技術性工作的人較慣於以數字表示，可是從事文書工作的人對數字的概念就比較差。以前例來說，如說成「上個月比上上個月增加 50%」的話，就能具體地表現出問題的大小。

再也沒有比用數字表示來得更有說服力。即使數據有錯，面對說不出確定數字的人，還是能有自信說服對方。

在某個非常炎熱的夏天，兩個人在對話：「昨天好熱！聽說是今年的最高溫。」「沒錯！氣溫都上升到 36.2℃ 了。」

聽到對方如此肯定地說出 36.2℃ 這個數字，即使懷疑氣溫大概是 35℃ 左右的人，因自己也沒確實記得是幾度，所以當場也就不敢予以反駁，只好說：「原來如此，怪不得那麼熱！」

回到家把報紙拿出來一看，才發現原來是 34.8℃，這時才知道對方竟然說錯了。

如果這是一般閒話家常的對話，那倒無可厚非。假如是在公司裏，就得對自己所說的話及引發的問題負責任了。握有數字的人說服力很大，即使所舉的數字有誤，效果依然很大。

不僅在改善工作方面如此，即使是在開會時，有數字概念的人就會較具影響力。

日本某大企業的董事長對數字的記憶力很強，任何數字只要看過一次就能牢牢記住，這事在員工間傳開後，主管們對交給董事長的報告就特別用心。譬如提出某個數字後，如果過幾天，又提出一個修正過的數字，董事長馬上就會責問「為什麼數字變了！」於是，這便養成主管們重視數字的觀念。

不只是改善，對公司內所有事物都應以數字做定量的把握。

五、調查目前的工作方法、目的、成果

1. 把握實際情況的方法

辦公室的工作跟人類的活動異曲同工。白領階層從事的雖是腦力工作，但他們的活動卻都表現在每天的辦公室中。

因為這是人類的活動之一，所以當要調查實際情況時，便會從觀察活動著手。如：「正坐在辦公桌前寫些什麼」、「正在打電話」、「正與某人商議」、「正在走動」、「正坐在會議室裏」等等。

為進一步詳細觀察，就須透過這些動作尋求做事的方法，如坐在辦公桌前正在寫字，就可以更進一步地調查——所寫的內容是什麼？

- 是屬於那一類的文書？
- 從那個項目開始寫起？
- 用那一種文字寫？
- 由誰蓋章？
- 要影印幾份？
- 寫完後要送到那裏？
- 每一份要寫幾分鐘？
- 一天要寫幾份？
- 什麼時候最忙？

像這樣便能查出員工活動的詳細情形及其工作的詳細內容。如有必要，也可到現場親眼觀察工作的情形。

但是對於辦公室裏的工作，雖然有具體的方法可以知曉，卻不

易產生極大的改善效果。

2.追求目的和效果

探究辦公室內的工作目的何在？在達到目的後，是否能發揮具體的成果？

如發現做某件工作毫無意義的話，就要停止做這件事。如工作有意義，但以現行的方法，卻無法肯定是否真能達到目的的話，那何不乾脆放棄這個方法，應該也不會有什麼損失。

如以這種方式探究工作的目的和效果，並能獲得結論的話，就可得到更徹底的改善，如此，便能產生極大的成效。

就工作的性質而言，以此種方式探究目的和效果是十分重要的。但實際上，探究分析的技術卻不是件容易的事。

目的是看不見的。目的只能由正在工作，或是吩咐做這件工作的人的口中表示出來。而目的則會因說明的方式或聽者的看法，有重要或不重要之分。

再者，如對工作的看法或態度不同的話，便會使目的與效果無法配合。例如想簡化事務時，如果人事部門的幹部憑過去的經驗對員工不太信任，那麼就會對執行改善十分猶豫。他們認為，如果進行簡化改善，萬一發生事情，責任就會被歸到人事部門的主管頭上。

另一方面，站在負責改善人員的立場，他們認為一流企業的全體員工，素質相當高，應信任公司員工，因此應該大膽進行簡化。

有了性惡論及性善論之分，以及負責者及第三者的立場之別，目的及效果的判斷就變得愈發困難。

由此可知，欲改善辦公室業務，並不單靠工作調查即可。必須進一步探究工作的目的與效果，從中歸納出超越個人想法及立場的

結論。

六、不可忽略對非經常性業務的實況把握

1. 該如何處理非經常性業務

想掌握辦公室業務的實況時，一定會遇到該如何分析非經常性業務的問題。如果是總公司的話，這類業務就會更多。

一般來說，非經常性的業務是指「不是經常性業務」的工作，從另一個角度來看，也可以說經常性業務屬於層次較高的工作，而非經常性業務屬於層次較低的工作。因為非經常性業務的內容每次都會改變，所以不是那麼輕易就能把握它的實況，而這也往往被拿來用做逃避責任的藉口。

非經常性業務也屬於公司的工作之一，當然掌握其實況也是公司的工作，像董事長辦公室或企劃部的開發計劃小組所擬的計劃，其主題每次都會改變。有時是北部的建廠計劃，有時是到美國設廠的計劃，有時是和其他公司合併的計劃，有時則是關係企業脫離獨立經營的計劃，而類似這樣的例子，可說是屬於非經常性業務中變化較多的。

此外，以程序設計師為例，因其每次設計的程序內容都不同，所以是屬於非經常性業務，很難把握。不過設計的系統雖然不同，但設計的順序和重點，卻有很多共同點。

2. 白領階層的意識革新

非經常性業務的種類很多，但通常，其順序及重點都有共通之處。而非經常性業務的異同，就在於其順序及重點不同。以前例來

說，董事長辦公室或企劃部的計劃主題表面上看起來好像完全不同，但其實計劃進行的步驟和重點，大致都是相同的性質。至於程序設計的順序及重點，就分得更細、更具體了。

想掌握非經常性業務，首先須收集過去所發生的非經常性事例。即依照時間先後順序，掌握人與人之間的關聯及活動的實況。如照這種方式掌握了幾個事例後，就能具體瞭解該部門每位員工的工作實況。

掌握實況的目的當然是想從中找出改善的重點，掌握幾個事例後，就能瞭解工作是因為其中那個順序不對而產生損失，以及那些情報不足或決策不當以致浪費時間，造成不良的結果。假如在最初研擬基本構想的階段便確立重點的話，就不會造成損失，或者當時如能獲得上司的認可，事後就不致引起混亂而發生爭議。

如果你是從工廠或分支機構被調回總公司，亦即你已加入高級主管之列的話，你的非經常性業務就會增加很多，而能迅速、確實處理這些業務的能力，正是白領階層所必須具備的。但問題就出在白領階級是否有本身應具備這份能力的自覺。而一開始就認定非經常性業務的實況很難掌握，或認為處理非經常性業務較多者，便代表職位較高的想法還真不少。但在為謀求改善而進行實況的把握時，就必須先打破白領階層的這種意識形態。

七、例外業務的管理很重要

1.「雜亂業務」和「救火課長」

辦公室的業務中，例外業務發生機會很多，這也算是非經常性

業務的一種。例外業務多半是突發性的，要由負責人照經常性業務的方式處理的話，十分困難，因此必須由主管出面帶頭處理。

公司在事業或產品方面，如尚處草創期或流動性較大時，例外業務發生的機率就較大。此外如管理不善或處置不當的時候，例外業務當然就容易發生。

「雜亂業務」及「救火課長」即在形容為處理這些例外業務疲於奔命的情形，經常為處理例外業務而忙碌不已的主管人員好比是「救火課長」。

「課長，出事了！」

一聽到這句話，課長就立刻飛奔出去處理，等處理妥當回辦公室正在擦汗時，又接到屬下報告：

「課長，又出事了！」

於是課長只好又掉頭往外跑，等忙完後回辦公室就已經是下班時間了，課長一天的工作等於都是在處理這類業務。

這類例外業務的處理只不過是在應付已發生的錯誤，並無法根絕其發生，即當意外事件發生時，主管人員只能緊急應變，永遠無法改善。

2.管理例外事件的重要

當客戶對產品表示不滿時，公司應立即掌握客戶不滿的內容，之後再與客戶應對。整個追究原因的過程，都只能算是對例外事件的處理，即所謂救火的舉動。但更重要的是，這之後該如何加以管理，例如，不讓同樣的缺失再度發生，並對同類例外業務的處理建立一個標準。這是主管的工作，也正是主管發揮其才能的時候。

以品質管理課的組織為例，水準較低的公司，品管課的工作都

是在收集與品質相關的情報。他們雖然收集了有關品質不良的發生狀況及數據，但卻無法減低發生率。當問品管課的人：品質不良發生的比率好像增加了，你們如何處理呢？」他們卻回答說：「這是生產部門的事」或「這是生產技術課的事」。但從品管課的職務來看，該課的人必須有站在品質管理第一線的覺悟，一旦發生品質不良的情形時，除要立即處置之外，更須進一步杜絕讓這一類的問題再度發生。

如果無法杜絕例外業務發生，就必須將其處理過程予以模式化，以便建立集中管理例外業務的體制。

例外業務很難獨力解決，必須牽涉到其他部門，所以管理起來便格外地困難。如能獨力處理的話，就很容易解決。但有時不僅會牽涉到其他部門，甚至高級主管、外部都會受到牽連。尤其是與外部發生關聯時，判斷、處理得當與否，對後果都會帶來很大的影響。

由此可知，例外業務對管理人員來說是最頭痛的項目，也是造成業務脫序的元兇。

為處理例外業務，辦公室的工作會受到很大的干擾。而且為處理這些雜務，也會消耗掉寶貴的時間。辦公室內一旦發生例外事件，就會使公司上下全被捲入其中而造成一片混亂。不僅是相關部門，其他部門也或多或少會受到影響，繼而妨礙了工作的進展，即使不致如此，至少也會使人心神不寧而無法專心工作。

發生一次例外事件，就會使很多人蒙受其害而損失了很多時間，這不僅對精神方面會有不好的影響，同時也是導致效率低落的典型惡因。

更大的問題是：將到處奔波處理例外事件的工作視為職責的主

管越來越多，更嚴重的是有人還把處理例外事件的技巧提出來炫耀、自誇：「只有我才有辦法擺平」，到了這種地步可說是無可救藥了。因為我們需要的並不是處理例外事件的技巧，而是防止其發生的技巧。

　　辦公室目前的實況是：例外事件頻頻發生，且為處理這類事件也浪費了很多時間，除了耗費相當多的時間之外，在處理上也造成了不少損失。

　　因此，要把握例外業務時，必須具體把握各種事例及其種類，藉此才能掌握例外事件帶來的影響與時間上的損失。

八、「業務內容記錄表」清查工作內容

　　要掌握無從掌握的工作內容，確實是件難事。為了掌握工作內容，而選定某一時段進行瞭解，是絕對無法獲得它的全盤的。例如調查某公司 10 月 1 日上午 10 時的工作情形，這對整體而言毫無意義，因為即使調查掌握了一天的工作情形，也只不過是整體的一部份罷了。

1. 自己的工作要自己掌握

　　欲掌握辦公室的業務，至少得花上一個月的時間，做連續調查。且在這期間還須派專人調查每個人的工作情形。事實上，由第三者觀測幾乎是不可能的。當然也可藉抽樣調查或利用馬錶等進行，不過，這也只是掌握到活動形態罷了。因此，最好的方法還是要每位員工寫日記或工作日誌。

　　再說只調查一個月是否足夠，也是個問題。公司業務並不一定

以一個月為週期運轉。有些公司一年分四期、有的則以半年為一
期,甚至還有以一年為單位的公司。

此外也有依工作性質的不同,而只在特定年度才做的,如:特
別在某年才發行股票或公司債券等等。

而且即使是每年都做的例行工作,其內容也未必年年相同。如
負責系統設計的工程師,雖然反覆從事系統設計的工作,但每次設
計的系統卻都不一樣,且內容也不同。

由此可知,想透過第三者的觀測,來調查每位員工的工作內
容,是非常有限的。原則上,還是由每位員工親自掌握自己的工作
內容,才是最理想的。

2.要以何種形式表示

下一個課題是——該如何具體掌握每位員工的工作實況?方
法之一是把每次工作的實況記錄下來,這種方法是以 10 分鐘、30
分鐘及 1 小時為單位,分別把工作內容記錄下來。不過,這時必須
明確規定記載的基準,工作的目的,或活動的形態、業務的單位,
或是工作表現。

讓員工自行記載的方式,的確是個好辦法。不過一整年每天都
要記錄工作情形,不僅費時也需要相當的恒心。故要每位員工都能
正確無誤地記錄,是件十分困難的事。

另一個較簡便的方法是——根據員工的記憶記錄。換句話說,
就是要每位員工回憶一年來或一個月內的工作內容,而將其記錄下
來。

一般都是利用「業務內容記錄表」來加以記載。不過這個方法
全憑個人記憶,在正確性方面稍有問題,可是若想在短期內清查業

務內容，便只好仰賴此法了。至於每件工作所需的時間，因為每年都會有某些程度的變動，所以時間上的誤差也不算是個很大的問題。

心得欄 _____

_____

_____

_____

_____

_____

第6章

改善業務的技術

一、徹底調查個人的業務內容

1. 首先，清查個人的工作

想掌握辦公室工作的實況，首先得從清查個人的業務著手。因為這種方法不僅確實，而且絕無疏漏。將全體員工的工作內容確實掌握之後，再連結上下、左右的關係，便能確實瞭解整個工作的實況了。

除了這個方法之外，尚可聯絡各個部門，例如掌握從接受訂貨，到生產、出貨、收貨款或從出貨到驗收、收貨款等流程的實況，確實改善各流程中所顯現的缺失。

雖說從整個工作中逐一檢視各個流程是個好方法，但若欲改善各部門或個人的缺失，則必須從清查個人工作內容做起，然後推及各個單位。特別是如果想活用人才或使各部門能確實發揮功效的

話，更必須好好清查個人承辦的業務內容。此外若從機能發揮的流程來看，即使改善了流程的缺失，提高了效率，但對各部門業務的改善，卻未必能發揮很大的功效。

基於上述各點，欲總檢整個公司的業務，應從清查個人的業務做起，這是最確實也最有效率的方法。

2.記錄業務內容

欲清查個人業務內容，首先必須使每個人對自己份內的工作，自動自發地採取具體行動。所謂具體行動，一般是指回想自己的工作，並把它做成可見的記錄。記錄自己工作內容時，某件工作如由多數人分攤完成，則記錄該項工作的單位必須一致，這通稱為業務體系，一般可分為 3～4 個階段。

假使是每個部門共通的業務（例如朝會、預算、庶務等）當然也有統一其業務單位的必要。

以上述業務單位為準，每位員工回想自己的業務記錄在業務內容記錄表上，其目的並不在於記錄本身，而是可趁此機會檢討自己的工作，以尋求改善。假使記錄對自己毫無益處，想必沒人會認真地記載。如果請別人協助調查，或是請人代為捉刀，則記錄內容便不詳實而失去意義。

記錄時要依照業務體系單位，把工作內容詳細寫出來，必須記錄的項目有：「業務單位名稱」、「業務內容」、「頻率、件數」、「所需時間」、「改進意見」等五項，除此之外，可視需要，記錄其他的事項。

為使每個人都能主動改進自己的工作，要把改善個人工作的「調查表」分給每一個人，令其對自己業務的內容逐一檢討，然後

再寫出要改善的重點。

關於業務內容記錄表，比較容易發生的問題是「非常態業務」和「主管人員業務」的記錄方法。

至於「主管人員業務」，其表格形式也可以和一般員工相同，不過記錄的內容裏，在中分類的業務單位中，要明確寫出以主管的身份完成了那些任務，有些主管不願意記錄自己的業務內容，這種觀念是需要糾正的。

由主管及改善小組分析個人業務時，就要根據個人所寫的業務內容記錄表進行面談。

由第三者進行面談分析時，這張業務內容記錄表就不可缺少了，不僅接受面談的一方可根據記錄對自己一年的工作做有條理的說明，進行面談的一方也可根據記錄表瞭解對方的說明，並且便於提出質詢。

通常面談要以一對一的方式進行，在進行面談時，最重要的是要瞭解對方的工作內容，並且儘量尋找出工作上須要改進的地方，然後引導當事者說出改善的意見，因此，要讓接受面談的人有充分發表的機會，並從他的談話中找出需要改善的線索。

為改善業務而進行的面談，其基本方法當然是要詳細且具體地聽取對方的意見，而其內容則要注重所謂「5W1H」，也就是誰（Who）、何地（Where）、何時（When）、何事（What）、為何（Why）、如何（How）。

如果要由第三者根據業務內容記錄表找出改善的重點，就要進行兩次 2～3 小時的面談，其中第一次面談是為瞭解對方的工作，第二次面談則是要找出改善的重點和方法。

追求精簡化的檢討事項

· 不能停止嗎？

· 目標是否明確？

· 效果是否真能提高？

· 不能改變方法嗎？

· 有沒有完全不曾使用過的單據？

· 次數是否能漸次減少（每天、星期、月）？

· 不能劃分得更廣泛（分類、項目）嗎？

· 不能減少張數（單據、報告等）嗎？

· 不能減少手寫的次數嗎？

· 不能停止核對嗎？

· 不能減少蓋章的次數嗎？

· 不能減少經手單位嗎？

· 不能更單純化嗎？

· 不能更進一步歸納處理嗎？

· 不能不接受服務（倒茶、影印）嗎？

· 不能停止抄寫嗎？

· 不能減少影印嗎？

· 不能停止登記嗎？（單用傳票不行嗎？）

· 不能儘量減少離座次數嗎？（為何必須離座？）

· 文件流程是否迅速順暢？

· 員工們是否充滿幹勁？（是否散漫？）

· 紙張保存數量不能減少嗎？

· 不能更進一步標準化？

- 不能更有計劃地工作嗎？
- 不能更集中化（有組織）嗎？
- 數據能否立刻找出來？
- 時間上的配合是否順利？
- 最低限度的職責是什麼？
- 聯絡、傳達是否有什麼失誤？
- 是否遵守約定日期？
- 有無浪費經費？
- 不能縮短電話的時間嗎？
- 有無積壓工作？
- 有無因失誤而重做的經驗？
- 是否有餘裕？
- 工作的負荷是否平均（適度）？
- 重點在那裏？
- 縱向分層負責有無重覆之處？
- 橫向分層負責有無重覆之處？
- 不能以更短的時間完成嗎？
- 不能減少時間的浪費嗎？
- 不能減少開會次數嗎？
- 不能減少開會人數嗎？
- 不能縮短開會時間嗎？
- 計劃整體上是否有缺失？
- 不能機械化嗎？
- 承辦人員是否合適？

· 不能將業務外包嗎？

· 不能採取兼差的形式嗎？

· 能否整體納入規劃？

· 不能提高技術嗎？

· 在時間限制內能完成工作嗎？

· 不能進一步標準化或規則化嗎？

· 是否人盡其才、各得其所？

· 從生產線角度來看又是如何？

· 是否稱職盡責？

· 能否加強管理以節省大量的時間？

· 能不能循業務體系擬訂計劃？

· 有無不拘泥於現況的創意？

二、分析單據的流程

1. 單據的流程

公司的工作是靠每一位員工的工作組合來營運的，透過業務分析掌握了個人的工作概況之後，就可以把各相關部份連接起來，以把握全貌，於是整個公司的營運狀況就會以個人與個人的聯繫、小組與小組的聯繫，以及各部門聯繫的型態呈現出來。

在掌握工作的流程方面，早期在辦公室裏就利用○△的記號表示單據的流程，雖然主要的單據都已經電腦化（EDP 化），但在一般公司裏仍有許多需要人手書寫的單據存在。公司雖已電腦化，但在投入的這段過程，以及得到回收以後的種種加工過程，仍然有很多

手續需要人手處理，可見把單據的流程當做工作順序把握的必要性還是相當大。

使用○△標示的流程圖，最先是在業務分析的面談階段裏，被用來記錄個人的工作。在這裏○與△的使用方法並非用來分析，而是被用來一邊聽取對方的工作內容，一邊加以準確地記錄。因為在工作的流程中，往往會出現很多單據，若想以文字記錄對方的話，不但費時且會發生遺漏。

可以調查每一個人的流程圖，以找出需要改進的地方，也可把每個人的流程圖按照小組或部門的編制加以系列化，然後從其流程中尋找需要改善的地方。舉個例子來說，可把產品接受訂單、生產分配，出貨、進賬等銷售系列的手續，以及訂購材料、定貨、驗收、付款等購買系列的程序，用流程圖的方式表示。

2.情報的流程

分析手續，可以呈現單據的流程。這在電腦化和 OA 化的辦公室裏，須更進一步地將其視為情報的流程而加以掌握。因此，公司的組織體系，要將單據的流程視為一種情報的流程，來予以全盤地掌握。

關於此類分析方法，美國曾引進了 IPA（Information Process Analaysis）。舉個身邊的例子來說，例如某人得以在星期三休假，想和女友約會，於是他便可從女朋友們的檔案中，找出一位星期三也能休假的對象，此外，並選出幾位候補的人選。接著，他可從電話檔案中找出這些女朋友的電話號碼，如果在電話中遭到對方的回拒，他便只好重新選擇其他的女朋友。像這樣就是在情報的流程和處理的過程中，重視數據、情報和情報處理的分析流程。

若以此種方式利用情報掌握公司的結構，將會發現還有很多領域尚未被掌握，至於已被機械化的部份，情報的流程當然是以程序的方式被掌握。

不過，事實上，在辦公室裏從事桌上業務的人，已在情報處理的過程中工作，只是還沒將情報拿來加以利用。相信今後透過人工頭腦（AI）的研究開發，必能使利用機械處理情報的範圍急速拓展。

3. 情報體系的整理

要從交易所這類物品的流程掌握情報時，首先必須瞭解公司內部情報體系的內容。

雖說情報化已相當普遍了，但在公司內能代表情報分類和情報機能的情報體系，則尚未臻於健全。因此如不能先瞭解那些情報已經處理，那些情報還不完整、那些情報和公司的機能有密切關係，以及情報和情報之間有什麼聯繫等等問題，就無法整理情報。

尤其，想要判斷某一個情報和高階層的決策是否有密切的關係時，整理情報體系，就成為極重要的課題。可見手續分析不只是透過交易所去掌握情報的流程而已。今後，在每一項情報與公司機能的聯繫中，情報流程的追究以及情報與各部門之間的關聯，都將逐漸擴大。

三、重新分配工作

1. 瞭解業務分配的實況

透過清查個人業務的結果，將其以小組或部門為單位加以歸納，就可瞭解工作的分配情形。這些過程可利用「業務圖」的方式

加以整理，將業務內容記錄表上的內容以這種二次元的業務圖加以整理之後，就能表示出各小組工作分配的情形。

每個人都依照記憶填寫業務內容記錄表，因為業務圖中個人所填寫的數字都排成橫列，所以，主管只要查看一下就能判斷出每個人的工作時間，並予以調整。同時，主管也可藉此瞭解目前那個職員負責那些工作，所以此表等於是每一部門的業務分配實況表。

照理說每位主管都應準確地掌握屬下的工作內容，但事實上，製成這種業務圖的管理辦法，卻很少人採用並實行。

業務圖不僅可用作業務類別的統計資料，同時也是一種業務分配計劃表。

例如公司在年初就想利用業務圖做好一年業務分配的時間表。為此，主管不僅要有明確的主張，且須與每位屬下充分溝通，才能從事業務圖的製作。由於主管及屬下皆按照各自的計劃製作各自的業務計劃圖，因此，一個部門內的業務便能有計劃地推行，也才能列入管理。如果把一年的業績製成業務實績圖，並且拿來與業務計劃圖對照，如此，不但可作為檢討反省的資料，也可當作下年度計劃立案的根據。

2.縱橫向的重新分配

公司的業務，必須依照業務圖來對縱橫向的工作加以分配，以便於管理。在縱向分層負責方面，要考慮每個人負責那些業務；在橫向分層負責方面，則要考慮某一項業務由那些人分擔承辦。

縱向工作分配方面，須考慮個人的工作方式，究竟那些業務以相互配合的方式交代屬下好？或是考慮個人專長交付任務好？還是分配一些與其專長完全無關的工作給屬下好呢？這得視屬下目

前的工作能力和將來發展的方向來決定。

　　關於個人的工作，除了業務種類和業務量之外，也須考慮全年的工作日數，能夠相互平衡的業務量，如分配過於不均，將會嚴重影響工作的效率。

　　橫向工作分配要考慮由誰負責該項業務，這種分配也會因工作的重要性和難易度而有所不同。假如是簡單的業務，則可由一個人負責；但若是把較重要且難度較高的工作讓一個人負責的話，萬一發生事故，就會造成很大的損失。像這樣的工作如果由幾個人分擔的話，不但可以輪流負責，而且也可培養後繼者。至於要由幾個人來負責的問題，則因業務量的集中程度而有所不同。假如工作量一下子集中很多時，那就不得不由好幾個人來分擔了。

　　關於業務的分配，除考慮效率外，也須考慮培育人才方面的問題。從效率的觀點來看，委任有能力的人長期負責較為放心。但若讓同一個人長期負責同樣的業務，則容易變成形式化，以致無法繼續成長，同時也會使該員失去承辦新業務的能力。

　　在分配業務時，如何製造出一個良好的環境，好讓全體員工都能向新的業務進行挑戰是很重要的，這種觀念也是培育屬下的基本做法。

四、視工作實況動態，並加以掌握

1. 觀察人員的動態

　　在白領階層的工作中，須全靠腦力活動的工作時間其實很少。一般說來，白領階層在早上出門前、或者在上班途中就已經決定了

一天工作的預定表。若是在上班後才決定今天要做些什麼,這種人
等於只是每天從事一些瑣事的人員而已。

　　換句話說,坐辦公桌的白領階層很少有「現在正在思考中」的
狀態,他們都是處於進行著某些活動的狀況,而這些狀況有時候是
在會議室開會、有時是坐在辦公桌前或會客室中與客戶洽商,有時
則是面對辦公桌整理文件、有時打電話等等,如果用馬錶觀測的
話,便能很具體地把活動的情形掌握住。

　　從外觀上,可大致區分為他們是坐在辦公桌前、在辦公室內、
或者離開辦公室等。如果是坐在辦公桌前,那麼不是在讀、寫,就
是在打電話或整理抽屜等等。如果不是坐在自己的辦公桌前,而是
待在辦公室內的話,那麼大概就是在會客室或坐在課長面前的椅子
上談話,不然就是到書櫃找數據,正在走路、站著談話等等。若是
不在辦公室,那一定是出差、到會議室開會、在公司內走動、或在
半途與人談話等等。

　　不管是什麼情況,我們都可以把辦公室的工作以人員的動態加
以掌握,因此要瞭解業務的實況,也可從人員的動態方面著手,也
就是說能夠掌握人員的動態,就能掌握業務的實況了。

2.掌握腦力勞動的實況

　　談到活動形態,很多人立刻會想到體力勞動,若是辦公室內的
工作,往往會讓人聯想到女職員的工作或新進人員的工作。而認為
除上述以外的工作,都是屬於腦力勞動,所以內容是他人很難瞭解
的。但若利用多次元的抽樣檢查方法,就可以把過去很難掌握的工
作內容明確地查出來,例如藉多次元觀測,就能更明確地掌握住工
作的內容了。

- 針對某一目的，其工作量有多少？
- 針對某一對象，與之從事了多少的工作？
- 針對某些工具，從事了多少工作？
- 針對某活動，從事了多少的工作？
- 有多少突發事件發生？
- 在何地從事多少工作？
- 有無需要改善的地方？

如果試著用直覺回答這些問題，事後與多次元抽樣調查的結果比照之下，將會發現自己對本身的工作幾乎毫無掌握，由此可見，過去對於白領階層的工作實況，完全沒有加以掌握。

在前面已多次強調過掌握實況的重要性，再次提醒各位：「為了掌握實際情況，絕對不要怕麻煩」。

五、明確規定任務，對人力和時間做重點分配

1. 你的任務是什麼

任務這個名詞常常被使用，但如被人問及「你所屬部門的任務是什麼？」時，不知你將如何回答，相信你對回答這個問題必定會感到有點困惑。事實上，除了考慮任務之外，還必須站在改善業務的觀點，好好想想自己部門的任務，以及究竟該把那項業務列為重點。

任務的範圍很廣，首先要說明的是消極方面的任務，亦即，「在自己部門的任務範圍內，你努力避免在發生差錯時，就必須負起全責」，比方說在產品方面，假使瑕疵品過多，超出一定的比率，就

會被記過之類的事。

這個範圍也可說是身為該部門主管所能忍受的最低限度，假使更積極的話，應將某些任務的範圍劃分清楚，將業務分配好，以使承辦者能負完全的責任。身為主管，最大的責任，是要在最低限度和最大限度的範圍內考慮如何配合環境條件、高級主管的營業方針、效率化方針等分配戰力，並完成自己的任務。

主管一向都被要求能對一切環境的變化做萬全的應對，而這中間，追求效率則是極為困難的項目。假如高級主管能明確指示應對的範圍，事情就會好辦多了，但這是不該奢求的。如此一來，在整體的應對中究竟該把重點擺在那裏，這便得全憑主管的眼光與本領了，而具有上述才幹的人，才會有升遷的機會。因為經營是一種不斷追求效率的過程，所以主管者往往被要求須具有分配任務及分別輕重的能力，而這也正是主管人員成長和升遷的關鍵所在。

2.任務的比重與時間的比重

這樣的說法也許過於抽象，不過，首先還是必須從對本身任務的最上限和最下限的認知開始。另外，還須考慮這些任務應由那些人才，（質、量）負責實際上的推動，同時在進行過程中，亦須考量任務的重點及業務的重點所在。其具體方法如下：

首先要對自己所屬部門承辦的數項業務進行評估，列出其優先順序，然後將各項業務在業務體系的大分類中定位，再依其比重在中分類中再次定位，如此細分之下，便可得知各項業務優先度的百分比。

另一種方法是根據業務內容統計表，將上面所記載的各項業務所需時間的總和，計算出來，然後再擬出自己所屬部門的所有業務

之優先百分比。

透過這種方法，不僅可得知各項業務在優先次序中的排位，也可知道其在工作時間中所佔的比重。

參照這兩項百分比就可瞭解每一部門業務的優先度及所費時間的比例。換句話說，就可以發現「為什麼才花了這麼點時間，就能完成如此重要的工作」或「如此不關緊要的工作竟然花了這麼多時間」等等的事實。

根據以上分析，主管便能具體地列出各項承辦業務的重要性，然後進行有效的人力調度，這是從任務方面分析業務，以決定改進方向的一種好方法。

3.任務的統合，十分重要

雖然我們常說「任務」，其實這個名詞既抽象又很含糊。如想改善業務並提高效率的話，就必須將任務予以具體化，然後再據此進行各種考量。使用抽象且聽起來似是而非的言詞，往往會引起誤解，因為，從字面上根本無從瞭解具體內容，如此一來便無法改進，而變成所謂的文字遊戲。「任務」這個名詞，正是這種毛病的典型。

關於任務，若僅在單一部門有明確的規定，那就毫無意義可言。因為所分配的任務，倘若不依縱向橫向的統合予以明確的定義，便容易造成疏漏。

從董事長、總經理、部長、到課長的縱向體系，須對各項任務的優先度及具體內容具有共識，否則，便會發生高階人員認為「這項任務十分重要」，但課長卻不這麼認為，或是相反的情形。

任務分析並不只是停留在某一單位的問題，它必須在縱向體系中存有一貫的共識，否則就會造成極大的損失。這種情形也同樣存

在於橫向體制，若僅以某一部門的業務置於整個體系中評估其比重，便很容易產生失誤，並會造成很大的損失。必須儘量避免使用「任務」這個抽象的字眼，而應尋求業務的具體內容與作戰力的調配，並使其明確化，這才是最重要的。

六、考慮公司特性，並進行效率化

1. 企業業務（販賣品）的特性

要進行業務改善時，必須充分瞭解公司的特性，各個公司都有其不同於其他公司的面貌。首先要提到的是，各產品之間的差異。比方說產品是屬於消費商品，還是生財器具，產品的製造方式是屬於大量生產還是個別製造，其間的差異便會影響到銷售的方式和市場。當然，這些具體的結構不同的話，其改善的方向和方法也會隨之改變。產品變化迅速與否，此外，有產品不斷推陳出新的公司，也有產品穩定極少變化的公司。與高科技相關的產品屬於前者，而較穩定的素材製造業則屬後者。屬於前者的公司，其結構必須要能夠應對產品和技術的快速變化，換句話說，必須具有相當大的彈性。相對的，後者在結構上變化少，且要力求穩定。一家公司並不一定只製造一種產品或只經營一種事業，從事單一產品製造的公司和經營多角性的公司，在結構上便會有很大的差別。生產單一產品，從事單一事業的公司，可配合其產品及事業的特性建立其結構。但從事多角經營的公司，雖然也可配合每項事業的特性建立其體制，但還須擁有整個公司共通的結構。由此可見，各家公司會因其產品的不同而有極大的差異。當然這也會影響到公司各方面的結

構。因此，改善業務時，便須充分瞭解這些特性。

2.風氣的特性

決定公司特性的不只是產品而已。與產品這物質層面完全不同的特性是，公司的風氣，而其對公司組織也具有很大的影響力。風氣與企業文化（Cooperate Culture）大致同義，每家公司都具有自己的風氣，尤其日本的公司因受終身僱用和企業集團的影響，各家公司的風氣更是不同，其中小至日常習慣、員工教育，大至集團的對外挑戰力和應變能力等，都各具特性。

針對應變能力來看，雖然公司在面對變化時，有相當高的行動能力，但是，相反的，在組織能力方面，和完成制度、以有效地執行任務方面，就可能顯得不夠熟練了。

從日常生活來看，如公司有不遵守規定的風氣，則在公司的結構上，便會產生很大的漏洞。此外，即使公司有意進行改善，但因不守規定的風氣已經養成，在這樣的團體裏，改善工作也必然會不了了之。

更進一步地說，假如認為公司整體的氣氛是一切之根本的話，那麼，早上碰面時說聲「早」，或是彼此打招呼等，也算是種風氣，同時也是構成公司的特性之一。打招呼的聲音和點頭致意，能使整個公司變得更明朗，而這種氣氛正是促使工作更有效率的原動力。

當然，在考慮風氣特性時，須配合公司風氣的好惡及水準，進行改善，同時也必須體認到，這樣的改善，需要一步一步不斷地努力，才能辦到。

3.配合公司的特性改善

要進行業務改善時，必須配合每家公司的特性進行，而事實

上，身處其中的人，很少能看清楚自己公司的特性。

倘若不能配合產品的特性、風氣的特性、及公司的特性進行結構上的改善，最後所能獲得的成果必然會和當初所想的差距很大。一般公司往往不太瞭解別家公司的內容，但卻喜歡一股腦兒地模仿他人的作為。雖然彼此是同業，但採用同樣的結構和改善方法，卻未必能得到同樣的效果。

例如一個公司想要引進電腦化（EDP 化），並不只是軟硬體齊全就能與別家公司一樣地運作。如果從事工作的人，其工作態度和能力有所不同的話，那整個系統所發揮的效果便會截然不同。一個系統必須由與其相關的許多人力和工作部門，在成本面、利潤面的要求下採取一致的行動，才能獲得預期的效果。否則不但沒有效果，反而會增添許多無謂的工作和麻煩，這對工時和日程方面來說，都會造成很大的損失。

由此可見，想要進行業務改善時，配合公司產品乃至於風氣等廣泛特性是一項重要的前提。

這樣的改善技術我們稱之為「先決條件分析」。

七、追究原因與結果

日本人對問題的警覺性相當高，但在面對解決方法時，就很少有引人注目的表現。話雖如此，但大多數的日本公司還是靠它們極高的問題意識以維持公司的工作效率。因為若無問題意識，根本就不會想要解決問題。

1. 首先要從問題意識出發

我們要從經驗中學習解決問題的具體方法。至於問題意識，比方說發現「生產計劃變更太多」這個問題時，通常只會在產銷會議席上提出來討論，但到最後卻不會有具體的改善行動。例如說：「生產計劃變更較多是由於營業部門太軟弱」，或者「在這種競爭激烈的時代，根本無法擬定幾個月後仍不生變的銷售計劃」，像這樣各部門之間如此推託責任的話，那就毫無發展可言了。

2. 明確查出損失

想要培養解決問題的能力，首先要探討問題發生後，公司實際上遭受了多大損失。

如果是「生產計劃變更過多」的問題，那就應查出公司在適應的過程中，實際上，遭受多少損失，或許，所謂的損失，也只是安排生產的工作人員精神上所受到的壓力而已，不過有時卻會嚴重影響產品的成本。

不要只一個勁兒地抱怨「變更太多」，而要進一步探討究竟是比什麼多，拿來作為比較的標準是零呢、還是根據過去變更的程度來看它的百分比呢？這才是真正的問題所在。

除了要查出問題所造成的損失大小之外，同時也要探究出最低程度的損失是多少，以及為達此目的，需費多少金錢、物質和人力。

這樣的結果就能獲得如下的解決方針——「由 5 個人所組成的企劃開發小組，在 3 個月內把生產計劃的變更頻度減低到原來的 1/3，如此就能減少 1 年 1 億元的損失，而得到顧客的信任」換句話說，此乃集解決問題之可能性、成果及所需人力物力為一體的具體方針。

3. 追究原因

如果是值得提出解決的問題，就須追究它的原因。

追究原因的第一步便是把原因寫在紙上，通常原因不會只是三、五個而已，而往往是許多原因糾結在一起，因此，若想知道種種原因的來龍去脈，便須先將其寫在紙上，再加以分析檢討不可。

可是，我們往往很少將原因的流程記錄下來。大多僅是靠互相的討論，或是以自己的立場為中心的爭論罷了。這種做法對解決問題並無幫助，只是徒然引起一場爭辯而已。

具體的原因相當複雜，假如不是充分熟悉實務的人，根本無法進行分析。再說，許多原因都相互關聯，並且有些原因是無法解決的。追究原因時，如果能具體予以細分，那麼，原因的反面，便是解決的對策了。因此，要針對原因找出「解決可能性較高的原因」以及「解決後成果較大的原因」。

大家提供情報，結合眾人的智慧把原因寫在一大張紙上，共同協商出解決的方法，不僅能集思廣益，也能使全體員工瞭解原因的始末，同時也可得到大家的「共識」，我們稱這種方法為「原因、結果的系列分析。」

八、問題點一定要以數據作存證

1. 利用數據存證

改善技術中，常常會用到數據分析的技術。換句話說，便是利用數據存證。通常，我們會想要計算出數據以資存證，往往是基於一時靈感，或是透過情報，發現問題之故。

　　例如在訪問公司的幹部時，發現對方的談話內容好像有問題時，這時就必須產生一定要收集數據把它弄清楚不可的念頭。否則，光是聽對方講話，不積極從談話中把握問題的重點，根本就無法進行數據分析了。有些人聽別人講兩小時的話，也不會感到其中有些話需要藉以收集數據，相反地，有些人卻認為需要收集 10 項、20 項資料來證實才會感到滿意。

　　總而言之，對於所有的情報如果沒有利用數據加以證實的話，數據分析就失去意義了。光在腦子裏想著這類數據應該有某種意義，而不認真收集數據的話，一定很難找出可用的數據。

2.以數字表示

　　當被訪問者表示「最近遭到退貨相當多」，就應接著詢問對方：「所謂相當多，究竟有多少？」

　　如對方只是回答「感覺上最近退貨特別多」時，就應追問對方，究竟是那種產品因何理由遭到退貨。還有，這是與何時相比較才產生退貨變多了的感覺等等，要對方查清楚這幾點，然後促其以數據表示的方式，進行數據分析。

　　聽到對方抱怨退貨增多時，絕不要只回答「喔，是嗎」就一筆帶過，應反問對方「你所說的增多是什麼意思？」也許對方會回答：「我也說不上來，反正就是有這樣的感覺」，這時若只回答：「是嗎？」然後就不再追究，這事恐怕到此便無下文了。

　　此外，還有一種情形，雖然不是抱怨問題，而是當對方自稱：「我們公司產品的市場佔有率，在同業間排名第三」時，你須接著問對方：「第一位是那一家？第二位是那一家？第一位與第二位之間的差距是多少？目前與五年前相比，市場佔有率有些什麼樣的變

化？」，假如無法得到明確的答案時，就應積極收集相關資料加以證實。然後進行數據分析，分析後如果發現 5 年前該公司和第二位的公司間沒有太大的差距，這時就要進一步分析和第二位之間差距變大的原因何在。

像這樣不輕易地放過任何情報，持有一遇到問題就立即想以數據加以證實的問題意識，十分重要。當然，有時候想收集情報以證實某些事情，偶爾也會有徒勞無功的情形發生，但千萬不要氣餒，只要反覆多進行幾次，就會逐漸提高準確率。

3.數據勝於雄辯

數字擁有某種力量，在說服對方時，會產生很大的效果，並且不單是對某件事有說服力，同時還會使對方產生信賴感，認為「他對數字很清楚，所以他所說的話，必定是有所根據的」。

因此，改善業務小組欲進行業務改善，或是經營者、主管要管理企業時，能夠清楚地掌握數字，就會成為一項極有利的武器。

以業務改善的情形來說，有無具備這項技術的差別很大。一般而言，辦公人員較技術人員差，但在公司各方面，這種能力會產生很大的效果。因此在平日就努力養成「數據勝於雄辯」的習慣，多方收集數據，牢記重要數字，是十分重要的。

九、將業務性質加以分類後再進行改善

1.基本業務和管理業務

改善業務時，先將業務的性質加以分類後，再進行改善，是很重要的。

業務性質首先可分為基本業務和管理業務。

基本業務是指公司運作上既是共通也是最低限度的必要業務，它通常屬於法律和商場習慣能加以規範的業務。例如交貨單收據等有關買賣的必要單據，以及申報稅金和納稅有關的文件等。這類業務達於標準化、機械化的可能性相當高。

相對的，管理業務是為提高公司經營目的的生產力（P）、產品品質（Q）、降低成本（C）、遵守交貨期限（D）、確保安全（S）、激發工作意願（M）等目的，或為解決這些問題所必須的手續和做法。這類業務因公司而異，即使是同一家公司也會因各時期的需要而改變。所以很難將這類業務予以標準化及統一化，即使要予以機械化，其成果也相當有限。

因為業務每次都會有變化，所以，如實行標準化、制度化，就有可能造成損失。

2.常態業務和非常態業務

業務中的手續、處理方式屬於固定的業務，但因時而產生的手續、處理方式，因為有所變化，是為非定型業務。前者的標準化和程序化很容易做到，但後者就很困難。不過常態業務多為基本業務，即使予以效率化，也有一定的限度。

另一方面，非常態業務雖然乍看之下會因條件、處理方法而時時變化，似乎很難予以效率化。由第三者推行效率化固然不容易，但由實際承辦人依每次的要求有效率地予以處理，則是其能力的表現。能有效率地處理日常業務中的非常態業務，正是出人頭地的必要條件。例如當被上司吩咐「在明天早上之前完成這件工作」時，由於無論怎麼趕，都沒有辦法如期完成，於是請上司延後期限的

話,這就不及格了。必須有無論如何都會在明天早上之前,設法完成上司所交代任務的熱忱,如能準時交件,這便是能力的表現了。

所以,處理非常態業務極需技巧,必須多多觀察別人處理業務的技巧,亦即從別人的做事方法中吸取教訓。

3.定期業務和不定期業務

定期業務和每天必然會發生的業務,當然具有標準化的可能,並且假如大量發生的話,也可予以機械化的處理。相反地,不定期業務,也就是突然發生的業務,會大幅度擾亂預定的工作計劃,比方說對事先沒約定而突然造訪,又很難拒絕的訪客,就不得不放下工作接見。如果非接見訪客不可,就必須考慮以最短的時間把這件事處理完畢,例如告訴對方,自己正在舉行重要會議,所以只能用很短時間與其會談。

除了突然的訪客之外,大量退貨及意外往往多為突發事件,此時該如何以最少的人力及時間將事情處理得很俐落,這就需要相當高的技巧。要具有這種技巧,當然需要豐富的經驗,不過對該事件的發生瞭解多少、有無把握解決⋯⋯等,這才是最重要之處。

對平日常發生的例外事件,雖然屬於突發,也可依分擔處理和改善手續、方法予以標準化。關於這點,就有根本改善的必要,這乃是解決根本的一種例外管理。

4.規定時間和預定時間

業務中有可事先決定完成時間的業務,以及依程序、方法和工作量來決定完成時間的業務。

以基本業務中接受訂貨的業務為例,每件業務因其辦理方式而有一定的處理時間,如果件數多的話,便可依序計算出所需的時

間。如利用電腦處理，除可算出所需時間外，並能事先訂定計劃。

然而在眾多業務中，須在一定時間內處理好的業務為數不少，公司內的一般業務像開會和討論會等。如果漫無標準地開會，就會花上好幾個小時也無法獲得結論，若開會後還有其他事待辦，就得想辦法在一定時間內開完會。商量事情也是一樣，如以接待客人為例，如自己沒有一定的標準而與客人天南地北地聊，那便會浪費許多時間。如果一開始就把會客時間訂為 10 分鐘的話，時間一到就可告訴對方：「我還有要事待辦」而結束會客。諸如此類的事，都須靠幹部對時間的警覺性，若上級沒有時間觀念，公司全體員工便會受到影響，從而打亂了每個人的工作預定計劃。

由此可見，在一個公司裏，需要利用到時間管理的範圍很廣，但也不能依個人標準隨便規定時間，必須顧慮到整個公司的運作來控制時間。

十、檢討業務結構，並簡化公司的業務

1.戰略中心是否在總公司

總公司效率化的方向一般多為「使總公司能成為少數人靈活指揮的戰略中心」。想把總公司建立成戰略中心，首先便須知道總公司在戰略方面投入了多少人力和精力。

很遺憾地，幾乎沒有一家公司採用這種形式掌握實況。雖然總公司是戰略中心，但事實上，這只是個觀念而已。國內的一些總公司，從未透過實際調查以瞭解公司在戰略上花費了多少人力、時間。並且也未在發現投入過少時，做一番增加與否的調查。

提到總公司時，首先須瞭解其特性，也就是說，要知道總公司業務分類是屬於整個公司業務體系中的那個範圍（領域），例如，我們可把總公司的業務作以下的分類。

①所請的本公司業務（屬於戰略性的，亦即典型業務）。

②屬於關係企業集團中的總公司業務。

③管理工廠和分店的業務。

④對總公司大樓內員工提供服務的業務。

⑤對各部門實施內部管理的業務（如朝會等）。

另一種分類法則是根據業務種類區分的。

①戰略企劃。

②管理調度業務（管理分店、協調各部門）。

③專門業務（專利、決算等）。

④事務處理（EDPS 等）。

⑤庶務、秘書等服務。

類似此種掌握業務的方法，在貴公司是否已經採行？可想而知，大多數的公司均未採取此法，由此可知一般公司標榜總公司為其戰略中心，不過是種概念上的口號罷了。

2.要把重點放在那裏

仔細觀查，將會發現屬於集團和總公司原來的業務其實很少，同時令人意外的是——總公司大樓的業務和各部門中業務的比重則相當大，如果從這點來看，一旦擴大總公司的編制，就會因人多而增加許多業務。假如總公司規模較小的話，就能減少許多額外的業務。

第二點是總公司雖被稱作戰略中心，但實際從事戰略方面的工

作卻不多。尤其是幾乎沒有專司戰略業務的人員,多半的戰略業務都分給各個上級主管負責,然而每位主管並未花費太多時間在這項業務上面。

第三點是屬於專門性的業務,常有集中在總公司的傾向。一般來說,有關專利、財務、廣告、文書、法律、程序設計等專門業務,都集中在總公司,而實際上承辦這些業務的人員並不多,十年如一日承辦類似專門的業務,結果水準私毫未見提高,因此總公司的專業人員須重視分支機構水準的提高,以減輕總公司的負荷,然後再利用空出來的餘力,進行專業性業務水準的提高。

第四點是事務處理業務,因為是以電腦化的機械處理為中心,所以大都集中在總公司。而處理時間和保養這些系統的任務就會隨之增加,不過這方面的工作隨著硬體和軟體的發達,將被逐步革新,此外將此任務交給其他公司負責的趨勢也在逐漸成熟之中。

第五點是總公司裏,有關庶務、服務、秘書方面的業務,會隨公司成員增加而變多。通常總公司對於高級主管的服務──也就是所謂秘書和司機方面的業務,所佔比例很高。

將來須把秘書和司機結為一體,讓有才幹的男性擔任高級主管的秘書。他在擔任司機的同時,可與高級主管同進同出,而在汽車中因為也有電話,所以可與辦公室聯絡。如能做到這種地步,真可謂是個「機動性的經理辦公室」。換句話說,高級主管對時間的管理很重要,必須與機要秘書結為一體,利用行動力和情報收集力進行管理。

如此詳細地檢討總公司的業務種類,就可拿過去不曾想到的方法,將公司重新定位。不過,最重要的是不要茫然地評估總公司的

業務實況，必須從各方面以具體的方法掌握它的特性。

十一、以循環的方式進行分析、實施

　　業務改善是指將改善案付諸實行，並獲得預期成果的循環過程。進行改善最重要的是分析能力，首先要把問題所在明確地找出來，然後加以分析、掌握。如能迅速確實地做到這點，那可說已完成改善目的的大半。但若在這一階段發生錯誤，以後所訂立的改善案和實施成果，就會很差。

　　想提高分析能力，就必須多體會幾次從分析、實施，到事後檢討成果的過程，並從中學習技巧。若在實施之後，發現沒有獲得預期的效果，就要反省自己的分析能力是否不足，當下次要分析時，就要多加注意。總之，經由這一連串過程的反覆進行，才能提高分析的能力。

　　改善案的訂立，等於是分析能力的反映，而訂立方案和設計制度，並無可傳授的明確技術，當然，在訂立方案中若想利用機械和器具時，就得仰賴硬體軟體方面的技術了。

　　在訂立方案的技術中，最重要的是能在事前預測成果。因此，不懂實務的年輕程序設計師以及經驗較少的改善成員，往往容易失敗，因為他們只能猜想。

　　舉例來說，由於看到職員一邊打電話一邊做記錄，等掛斷電話後，再根據紙條寫傳票的情形，而想出一邊打電話一邊就寫傳票的改善方案。但實際上，如果職員不曾下過功夫，想要一邊聽電話一邊寫傳票，是很難做到的，所以這個改善方案就很難實現。

1. 不可或缺的說服力

通常，都是由改善小組負責擬定改善方案。然後，再將這些改善方案推薦給實際承辦人和主管來付諸實行，所以，免不了就須經過一道推銷的手續。改善方案的內容，正是分析能力的反映，而在說服對方時則有以下的幾個重點。

①誠懇戰術

　　——誠心誠意說服。

②波狀戰術

　　——一再重覆地說服對方。

③不厭其煩的作戰法

　　——很有耐心地直等到對方同意。

④迂迴作戰

　　——藉工作以外的事物來接近對方（如喝酒、打麻將、打高爾夫球等）。

⑤滯銷作戰

　　——讓反對者留下，使其體會到不受青睞的滋味。

⑥拖人下水作戰

　　——從訂立方案階段就請對方加入。

⑦奉承作戰

　　——讓可能反對的實力派人物擔任改善工作的負責人。

⑧潛航作戰

　　——對容易受部下影響的主管，可先說服其屬下，然後再以屬下已經贊成為由，來說服對方。

⑨集體施壓法——以多數贊成施加壓力。

⑩上司施壓法

——利用上司的壓力說服對方。

無論何種情況，想要說服對方必須多利用人際關係。進行改善要靠分析能力，但要付諸實行時，就得靠另一個重要因素——人際關係了。

因此，在開始進行分析時，就要緊緊抓住有意接納該改善方案的實力派人物，這點相當重要。然後再借用其人際關係，誠心誠意地說服其他人，便可以大功告成。

2.付諸實行及事後檢討

最後的步驟是付諸實行，而實施前須做「事前準備工作」如單據的草稿、校訂、印刷、承辦人的講習、試辦等，要經過這些程序然後才能付諸實行。不過最重要的是事後檢討，看看是否獲得了預期的效果，假如發現沒有預期的效果，就要努力修改或藉再教育來達到預定的成果。

當然，成敗與否和當初訂立方案的人及負責推動業務的人員都有密切的關係，不過最重要的還是實際承辦人的人際關係，如人際關係好的話，辦事的人就會以積極的態度從事改善工作。相反地，若推動改善業務的人不受員工歡迎，那一切的改善方案就很難實現了。

十二、企業組織改善的負責部門

負責或主管組織計劃以及組織改善的部門，往往各式各樣並不一致，既有以最高經營當局為中心主使的，也有在實際上完全由主

管組織的幕僚部門來從事的，此外，更有由委員會來負責主持的。

　　就一般中小企業來說，幾乎完全由最高當局負責組織計劃的改善的，同時大多也由他們來負實施之責。在大企業裏，最後的責任形式上雖是由總經理負責，實際上卻是由主管組織的幕僚負責組織計劃與改善的責任，並由他們推進的為多。也有在大幅度作組織的改善時，設置特別委員會，把改善方案交委員會審議推行，但就組織計劃及其改善這件事的重要性來說，最好還是由最高經營者自負全責，而由幕僚提供建議，交由特組的委員會去作詳盡的研討最佳。

　　一般說來，組織的決定，對於企業是涉及全局的重要問題，至其責任，當然應該由總經理全盤負責。但事實上有很多權威學者認為，組織的最終決定責任，是應該由董事會與最高經營管理者負責為佳。迪爾認為，關於組織的問題，應該由經營的最高層主使，最終決定則不妨保留給總經理，同時由經營的首腦層組成的委員會的合議價值，也值得重視。

　　從美國經營協會所作的調查看來，關於組織方面的問題由最高經營者直接主管的相當多，例如組織系統圖的草擬，總是由總經理起稿的居多，也有加上主管人事董事的參與。這樣起稿組織圖的佔全美企業 70%以上。

　　至於搜集有關組織的資料，起草組織圖的責任，是各種人負責的。由此可以看出，到底是由誰來負責組織計劃的起草工作了。

　　把人事部門作為負責部門的佔大多數，這是考慮到組織與人事的關係而形成的。另外，由總經理負起草責任的也相當多，這大概是組織的重要性受到重視的結果。由副總經理來負責起草的也不少，這當然是基於同樣的理由。

外部顧問在這方面的諮詢佔著較高的比率。這是由於該問題需要特殊的而且資深的專家見識導致的。

不過，關於這種組織調查資料的搜集，或是方案的實際起稿工作，當然不妨交給幕僚部門去做，可是組織計劃的起草以及修正，以至最後決定，還是應留總經理自行來負責處理為宜。至少，有關整個組織以及涉及幾個部門的組織方面的許可權，應由總經理自行裁量，不宜假手於人。

在約翰·蒙維爾公司以及標準石油（伏基姆）公司的董事長之下，沒有專管組織的助手，但批准決定權還是在董事長之手。又如美國廣播公司，以及卡伊沙鋁業與化學公司，標準石油（加裏福尼亞）公司、福特汽車公司等，在組織計劃部門方面，雖然也有組織方面的職責，但是決定權還是在總經理手上。

日本豐田汽車公司所有涉及組織的改善都由主管的幕僚部門（企劃調查室）研擬方案，交付企劃會議討論，而最後決定許可權，是總經理裁決。同時，他們還在組織管理中作了下列的規定。

總之豐田公司建議與協助，雖也授權於幕僚；但最後還是要經過總經理批准，所以關於組織方面的責任，不必說是由總經理負其全責的。從這一點看，可以說組織的責任是由作業系統的主管所承擔，關於組織方面的建議與協助則由幕僚提供。

關於有關組織的最後決定權，雖然是保留在總經理手裏，同時也由總經理負其全責，而實際上關於組織資料搜集、調查、分析、計劃以及方案的擬訂等等實務，也要由總經理親自去做，事實上絕不可能。因此，在中小企業裏，應由助手幕僚去辦理，在大企業裏，則由主管組織幕僚部門去辦理。

　　組織計劃以及組織的改善，一定要由能夠把握企業的全體實情，而且具有關於組織的充分知識與技術的幕僚，負責研訂方案，因爲要制定一個組織方案，不但要能充分瞭解企業的目標，看得清企業未來的趨向，以及認識組織方案在企業上的必要性，同時還須具有關於組織方面的特殊高度的能力。

　　在組織上，不管是一個助手幕僚也好，幕僚部門也好，總使他們處於和總經理保持直接關係的形式中爲宜，不論從他們便於向最高當局進言建議也好，以及從他們必須站在組織的整個及長期性展望的立場上也好，都有直接隸屬在總經理之下的必要。

　　在企業界關於組織方面，向來有由總務部門或人事部門來主管的習慣。但到了最近，已有設置專管組織的幕僚部門，或成爲參謀作業部門的一個職能的趨勢了。

　　豐田汽車公司是把企劃調查室作爲組織的主管部門的，除此以外，企劃調查室還執掌著制定公司方針，綜合長期計劃的職能。

　　東麗公司方面則在管理部門（計有管理部、組織人事部、總務部、勞務部、財務部、事業部、監查部等）內沒有組織人事部，其下的組織課就是專司有關組織方面的事務的。

　　組織人事部的主要職能，是有關組織制度的管理、人事、教育等事項，至於組織課的分掌事項，有下列各項：

　⑴有關組織計劃與組織管理事項。

　⑵有關許可權、責任事項的劃分。

　⑶有關公司規章以及各種制度的管理調整事項。

　⑷有關經營管理組織的綜合調查、研究事項。

　　住友金屬礦山公司，則由人事部的組織教育課執掌著關於組織

方面的事務。

至於日本石油公司，是由以參謀幕僚構成的總經理室的兩個課，分掌著關於制定組織計劃的事務與勞務方面的事項。

在美國波音公司方面，由主管管理部門的副經理，以全公司組織方面的幕僚身份管理這一方面的事務。在賦有掌管組織任務的副總經理的職務說明書內，規定好主管管理部的副經理，對於有關公司內組織及機能劃分事項，必須向總經理以及其他經營階層提出建議或提供協助。所以，就被賦有監督及檢討公司組織，制定有關的方針，與經常研究組織的職責與許可權。

不過，關於各事業部的組織，爲了便於達成其工作目標起見，由各事業部的主管，負責擬訂其組織計劃。當然，這只是在整個組織方針的範圍內，而且以不損及組織的全體統一性爲限的。

至於事業部的各組織，則由組織單位的主管人員，負組織計劃之責。具體的說，各管理、監督者對於自己所管轄的組織一定要作定期檢查，並且要主動的提出必要的組織改善建議方案。

(1)方針

事業部的組織機構，爲了能做繼續不斷的監查，與有效達成本公司及事業部的目的起見，必須配合需要而加以修正。反映這組織機構的組織圖，必須實行定期印發，並在必要時增加期外號的印發。該項組織計劃必須遵照已經決定的方針與手續進行實施。

(2)責任

①各事業部主任

· 爲了易於評斷組織機構是否適合事業部各種計劃的推行，應各自對於所主管的組織作自動的定期檢討。

‧ 在實行組織改善時，應依照規定手續，計劃改善，提出建議
方案，採取措施。

②管理部主任

‧ 對於事業部組織的繼續發展，應以建議的方式協助經營幹
部。

‧ 輔助草擬可以適用於全公司的組織方針與手續方案。

‧ 應依照第⑶項規定，對於組織改善的提案，必須親自審核，
如覺尚有更好的意見時，應加以補充。

‧ 經常作組織圖的製作，要旨與技術的規定。選定作爲事業部
組織一覽的組織圖的發行，並決定組織一覽的印刷計劃。

‧ 經常採取必要措施，使這方面的手續不致落伍而能維持其應
用。

⑶改善組織的手續

①組織改善方案，應遵照各事業部所規定的手續處理。

②對於會影響事業部內的基本組織體制，或可能增加管理費用
的提案，在實施以前，管理部長必須加以親自檢討。這一類提案，
包括下列各項。

‧ 組織間或階層間的組織要素及機能的變更。設於各組織內的
各幕僚間組織要素及機能的變更。

‧ 新設置的機能或職位，新設的組織單位或某種常設委員會。
（不過配合技術的企劃、作業負荷的變更而起變動的製造工
廠等臨時組織，不在此限。）

‧ 組織間的監督階層數有所變動時。

③提案會使組織機構內部引起重要變動，或對於組織上的種種

問題有予以協助的必要時，其變更部門應請有關的總公司幕僚協助及提出意見。

④在經過總公司幕僚表示意見後，也可以同時把這一類提案，送請管理部主管核實，這時管理部的主管應該配合事業部的各種目的、組織方針與手續，以及其他可以預料到的因變更組織所引起的紛爭、對於管理費用的影響與其他問題等等，加以檢討。

⑤凡牽涉到整個公司的，變更事業部的基本目的的，或是會引起現有公司方針與手續的變更提案，須經主管管理業務的副理檢討。

⑥在改善組織時，如有文件需由「新聞」或「管理情報」發表時，在送交新聞部門以前，須先送請管理部主任作最後的核閱。

主管組織計劃的幕僚，其工作內容主要爲現行組織的調查、分析與改善，理想組織的設計與實施計劃的制定，組織規程的草擬及其解釋，需要人員數的計劃、組織的編制以及運用等。

十三、企業組織的精簡成功案例

從松山駕駛汽車往今治走 4～50 鐘，就可看見面臨瀨戶內海的來島船塢總合辦公處（總公司），它原是一座因鄉鎮合併而廢校的破爛校舍。

在破爛辦公處的附近有員工用的宿舍，及其它衛星工廠的宿舍，這都是些由鋼筋混凝土建造的豪華房子，與辦公處形成強烈的對比。這個破爛辦公處，正象徵著坪內式經營！「對於直接賺錢的部門不惜儘量投資，但對於不會直接賺錢的間接部

門則以最低限度的投資來營運。」

有時學校的老師開玩笑說：這種破爛校舍連授課也不可能呀，而令坪內不好意思，但他仍然使用沒有冷暖氣設備的破爛公司。其理由有下列二點：

第一，在鄰接的造船現場，穿著工作服的員工們正不辭辛苦地工作。他們每天早晚通過總公司上下班，連午木時間也不例外。坪內認為：他們對於在超現代大樓中工作的人會有什麼感想呢？一想到此點，即覺得不必把破爛辦公處變成大樓。

第二，坪內認為來島船塢集團只是中小企業集團。雖然來島船塢想建造總公司辦公大樓及設置豪華的社長室並不難，但結果會使員工失去危機感。坪內為了避免公司倒閉而在腦中描繪出退卻二成的藍圖，藉危機感使企業成長。但若翻新總公司辦公大樓，則員工會以為來島船塢已經躋身為大企業，如果員工認為公司已經是大企業而不會倒閉，則組織會退化。

與來島船塢破爛辦公處成對比的，是來島船塢集團的地方性報紙「日報新愛媛」的輪轉機，它卻是一台最新型的機器。坪內認為，對於直接賺錢的生產設備應該大膽地投資。結果，發行量幾乎相等的競爭對手需僱用大約 500 名的工作人員，而「日報新愛媛」卻只以其 95 人經營。

況且他說：「若發行量達到愛媛縣家庭數 48 萬戶的 1/2，也就是 25 萬份之後，便要把員工減少 30 人而變成 65 人。」至於何必把現在已經這麼少的員工再減少？坪內說：「減少的人數要投入新的領域。」他認為，若組織沒有彈性，則公司會倒閉。

他始終認為組織精簡化、彈性化才是企業繼續生存約途徑。

1. 藉組織的簡化生出利益

佐世保重工業為何會倒閉？其原因雖然不少，但若從組織方面來看，則是由於陶醉於大企業意識而忽略了合理化所致。

若就坪內所中意的中小企業經營方式來說，佐世保不但員工多，且職司管理的人員也過多。既然是此種鬆散的組織，當然無法在競爭上致勝。開始重整佐世保的坪內，提議廢止課長制，把原有的 330 個課，除了在營業策略、安全性方面絕對必要的 8 課之外，全部撤銷。同時把多達 460 人的管理職人員減少為 37 人。

「採用以往組織的結果是公司倒閉，故應該採取相反的措施。一定是有缺陷才會導致公司倒閉的。」坪內如此說明廢止課長制的理由。為了在競爭上致勝則必須打破現狀，因此不能自限於原有的組織。

改革組織的目的在於「怎樣才能提高效率，並發揮最高效率，生產價廉物美的商品。」其首要之道在於簡化公司組織以便產生利益。

雖然來島船塢集團的 100 多家關係企業，所有會計業務都在總公司處理，但來島船塢在總公司的管理人員只有業務經理、業務副理、會計課長、成本課長 4 位而已。坪內主張，以最少的人力求取最大的工作效率。他說：「通常造船公司的間接費用是銷售金額的 315%，但本公司只有 1%。這表示來島船塢的間接費用為一般的 1/3 或 1/5。

坪內在接受愛媛縣東邦相互銀行的重整工作時，想到：「我曾經借過錢卻沒有經營過銀行，故一定要使此次重整工作具有特徵。」他思索自己對銀行到底有什麼不滿，結果發現存款方面沒有什麼問

題，但「借款時費時過長」。坪內下令「應該考慮今天申請，明天就能貸放的方法。」結果回答是「沒有經過 10 個人蓋章不能貸放。」「那麼改由一個人蓋章吧！」「這種做法不太好。」「那麼由我這個董事蓋章總可以吧！」

結果，坪內一直持續地蓋了五年的章。

在重整時，坪內要求徹底調查所有倒閉原因，然後命令「一切措施應該跟從前相反。」他說：「只要這麼做，則一切會改善。」如果是因交際費過多而倒閉的，則不准支領交際費。如果是因人員過多而倒閉的，則減少人員。「若採取與倒閉前同樣的做法，絕不會經營順利。」這是當然的道理。

2.以不支薪的兼職董監事應付

金指造船所在大手造船公司提供援助後，經營仍然不上軌道，連續虧損了 15 年，但坪內卻在接受該公司重整任務的 6 個月內就轉虧為盈，到底他有什麼絕招呢？

第一：原來提供援助的大手造船公司派遣了 40 個人前往金指造船所指導業務，坪內要求這些人全部撤退，而只從來島船塢派遣一個常務董事兼管。由於是兼職的工作，故在金指造船所完全不支薪。

第二：公司之所以會虧損，經理應該負責。重建公司時，自以為高人一等的原有經理往往會阻礙改革，故由來島船塢接收這些幹部，再提拔該公司課長級中有才能的人接管。結果帶動了整個組織。

僅就來島船塢接收金指幹部這一點來說，金指每年可以減輕10 億日圓的負擔。不僅如此，這些人離職之後，不必供應秘書及驕車，不必支領旅費、交際費等，公司可以獲得 2 倍以上人事費減少

的效果。

坪內原則上不派人至重整的公司。他說：「最好以那邊的人為中心來進行重整工作。如果成績提高了就好，否則也好調查不會提高的原因。來島船塢集團擁有員工五、六名至幾千名的關係企業約160家，但都採用大致相同的方法經營。

就佐世保重工業來說，擔任社長職位的坪內以及執行董事石水幸三、常務董事一色誠都兼任來島船塢的職務，專任的只有常務董事渡邊浩三一個人。像金指造船所則完全沒有專任董事的例子也不少，大部份的情形都是由來島船塢的經理、課長或關係企業的經理、課長兼任。

例如，來島船塢的業務部經理沖守弘兼任 30 幾家關係企業的董事，又「日報新愛媛」的常務董事兼總局長佐伯正夫，也兼任關西汽船等十幾家公司的重要職位。每當公司接受重整之後會增加許多職位，但大部份都派人兼職而不另增加人員。

坪內每二個月從關係企業的負責人處聽取有關經營的報告，但聽取的方式卻與眾不同。其中一次是聯席會議，另一次則在奧道後溫泉的貴賓室，而有時是在高爾夫球場，甚至有時在自宅內。因為來島船塢總公司沒有社長室，故已經使用十年的「賓士」牌驕車有時就變成社長室。總之，藉簡化組織、董監事大部份兼職而不支薪，以便隨時得以迅速退卻二成，這就是坪內式經營的特徵。

3. 全面採用重整準備委員會所擬訂的方案

大山梅雄就任津上社長後，立即組織了重整準備委員會。這些委員選任的方法與眾不同。「不是由公司任命委員，而是讓自己有意出任或別人推薦的人擔任委員。」結果，由於把工會幹部、董監

事、經理、課長及一般職員等有意出任的人都網羅，整個委員會的人數多達 20 人，成為能真正代表整個公司的組織。

大山說：「的確成功。大家都通宵思考，擬訂營業、人事等各項改革方案。過去對於經營完全沒有發言權的人，都非常熱心地參與此事。由於在委員會上也檢討了裁員方案，故裁員進行得格外順利。」

大山雖然擔任重整準備委員會的主任委員，卻從來不參加會議，但他反而全面採用委員會所提出的重整方案。大山過去所讀的書中有一段記載：「若社長的意見為 90 分，員工的意見為 60 分，應該選擇員工的意見。」因此他認為：「若勉強通過社長的提案即會遭遇抵抗。若採用員工提出的方案，則員工會自動推行，較易收效。」

無論任何公司，即使明知人員過多也不易裁員，若由員工組織重整委員會自動擬訂裁員方案，就容易得多了——大山所說的事，真的能實現嗎？

大山說：「利用別的方法也可以做到。而這方法，恐怕只適用於公司陷於倒閉邊緣時。」

當時津上不能按時發放薪水給一部份的員工，而且無法支付健康保險費及失業保險費，又挪用了扣繳的薪資所得稅三年以上。加上衛星工廠要求以現金購買零件，故接到訂單也無法生產，這時的津上可說是陷於「脫光也拿不出什麼」的情況。

津上所組織的重整準備委員會，如果在健全的賺錢公司，或許無法發揮其機能，但對陷於危機的公司，卻發揮了無比的功妙。由於是員工自己組織的委員會，因此其訂定的各項方案，容易獲得大

家的支持，重整工作也得以順利推展。

4.把敵方的「步」變成我方的「金」

大山前往重整的公司時，從不帶任何人。他說：「我要把敵方的『步』變成我方的『金』。」

這是將棋的下棋原理。即使是敵方的「步」，只要取走並善用之，即會變成我方的「金」。雖然在對方看來是「步」，但只要我方有所佈置即變成「金」，這就是將棋的規則。如果這樣，即不必自己帶去重要的「金」。

另外，大山重整公司的第一步，通常是要求原有的董監事總辭，但在重整東京鋼鐵時，則把社長留任，因為大山重整公司時親自過目包括子公司在內的一切傳票，且訂下預算制度，故即使是董監事也完全沒有任意使用交際費或假公濟私的可能。

津上內不懂會計的人不少，但由於大山從小即擅長數學，故在重整時徹底實施預算制度。「公司要決定努力的目標，並完成計劃，因此，必須注重會計，推動預算一制度及成本管理。

但是，一般的公司有計劃卻等於沒有的情形不少，一旦缺少預算制度，即使有也因為方法不好，以致只知使用而後由會計部門負責收拾的例子也不少。

這種情況常使後果不堪設想，因此會計部門應該積極向社長或董監事會提出經營資料，並設定銷售目標及其成本。至於一般管理費、人事費用、利息各為多少也應事先擬訂計劃並設法貫徹。這樣做的好處是，公司經營不善時，可藉預算制度避免不必要的開支。

大山的預算控制特徵為，預算內的金額由各部門任意動用。因為，唯有如此才能使他們設法做最有效的使用。雖然公司嚴格限制

追加預算，但若承認，也只限於在決算期內轉入下個月使用。

5.成功的秘訣是不投機

在大山式經營中，「不投機」是重要的一點。如果不因預期漲價而屯積資材，即不需要大的倉庫，也不需要大筆的庫存用資金。若能如此緊縮週轉資金，既可減少借款，也不會造成營運上的困難。

就精製糖業界來說，因預計原糖漲價而大量購買細貨，以致長年為利息所累終致倒閉的公司也有。就是大山也曾有因投機而差一點慘賠的痛苦經驗，那是接受重整東洋製鋼後不久的事。

當時，美國駐軍準備標售戰車的廢鐵，就當時的價錢來說這是很便宜的價錢，因此大山準備以 4000 萬日圓全部買下來，而要求駿河銀行融資。大山得意地向該銀行董事長岡野喜太郎談及這件事，但岡野問：

「大山君，既然生意賺錢，又何必想投機多賺一點……」岡野嘟喃著。

雖然大山內心不高興地回去，但在二個月後，廢鐵的價格暴跌。「如果當時買了，可能損失 2000 萬日圓。」大山恥於自己的淺見，便拜訪岡野說：「謝謝你沒有借錢給我，我才能不損失。」結果岡野告訴他：「前來道謝不借錢的，你是第一個。」

大山后來決心不從事投機事業。他說：「這個決定導致我日後的成功。」他想到「做生意不可找刺激，否則會變成玩股票或從事投機事業，企業絕不許有投機性。」

在做生意時，若遇到上漲或下跌即會有大量購買或拋售的心理，這就是「投機」。

銷售產品時，若想在價錢好的時候賣，因此惜售甚至停止出

貨；相反地，由於材料便宜，以致這個月大量購買，而下個月完全不買，則眼前看起來佔便宜，但卻會失去交易物件的信賴，實在得不償失。況且，也應該考慮估計失誤時所受的打擊。

　　大山說：「當月生產的當月銷售，當月需要的材料在當月購買。最好以這種穩定的方式做生意。」據說，他由於繼續了這種穩健的經營，才被人家認為「大山是可以信任的。」

　　　心得欄 -----------------------------

第 **7** 章

企業的流程管理猶如接力跑

流程管理是在企業不同部門、不同崗位共同完成一項工作以輸出流程結果的先後順序。但是為了輸出這個結果也相應會消耗一些人力、物力、財力以及時間。所消耗的這些資源都是所輸出流程結果的成本。如果輸出結果的價值小於成本,那顯然是不合理的。所以,需要對完成一個流程所需要消耗的資源進行分析。

一、流程管理的重要性

運作良好的流程,就如一支交棒順利的接力賽隊伍,因為中間環節運作順暢,在從輸入轉化為有價值的輸出活動過程中,所產生的人力成本的消耗便會減少。

流程是解決怎麼做的問題,即更多的是從執行的角度把個人或組織確定的目標去執行到位,而不考慮或者改變組織的決策,在決

策確立之後，流程要解決的就是怎麼更好地實現決策的目標，而不是改變決策的目標。流程能夠有效地凝聚經驗、指導新人、提高工作效率、提升工作效果，最終帶來企業競爭力的提升。對組織：提高資源運用，加強組織競爭力：對顧客/合作夥伴：更高效地創造價值：對員工：提升工作效率。

有一個三人小組在執行一項植樹的任務，有一天，出現了這樣的場景：甲在前面挖坑，丙在後面填土，路人看到後感到奇怪，走上前去問道：「你們在做什麼？」

丙說：「我們在植樹！」

路人：「植樹？哪裡有樹啊？」

丙說：「我們三人小組是有分工的，甲挖坑，乙放樹，我填土，但是乙今天有病請假了。」

······

他們究竟出了什麼問題？顯然是流程出了問題，現代企業要求逐漸分工精細化，在提升專業化的同時，我們更應該關注流程，關注企業活動之間內在的邏輯關係，以及動態性的創造價值的過程。首先，甲乙丙誰在為企業創造價值？不是某個人，或某個崗位，而是甲乙丙三者的活動所組成的流程在為企業創造價值。其次，故事中甲丙無視乙的存在，導致在做無用功，同時企業內部有可能存在甲和丙看不到乙的活動或不清楚乙的活動，同樣也會出現故事中「產出無價值」的現象，所以企業流程明細化，進一步增強員工的全域觀是非常重要的。

二、企業流程管理改善的作法

做好運營流程管理，才能降低人為因素影響，讓我們的企業高效率運作、高品質複製、高效益連鎖、高速度擴張與發展。

下面是福特汽車公司付款的傳統流程圖和優化後的流程圖。福特付款的傳統流程，如圖所示。

圖 7-1　福特傳統付款流程圖

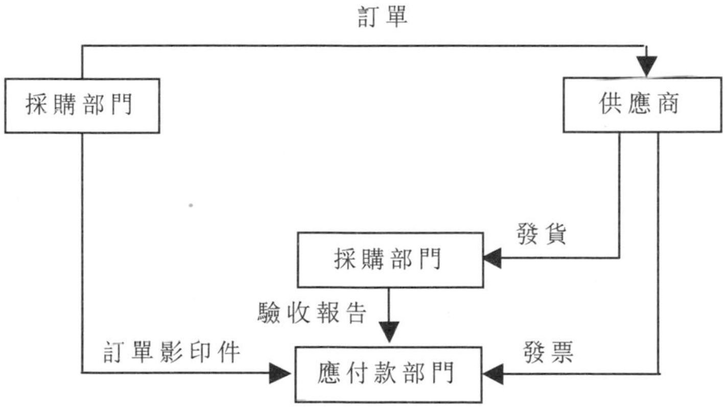

在該流程中：

1. 採購部門向供應商發出訂單，並將訂單的影本送往應付款部門。

2. 供應商發貨，福特的驗收部門收檢，並將驗收報告送交應付款部門（驗收部門自己無權處理驗收資訊）。

3. 同時，供應商將產品發票送至應付款部門，當且僅當訂單、驗收報告及發票三者一致時，應付款部門才能付款。而往往該部門的大部分時間都花費在處理這三者的不吻合上，從而造成了人員、資金和時間的浪費。

福特北美部門預付款部門雇傭員工 500 餘人，冗員嚴重，效率低下，他們最初制定的改革方案目標是：運用資訊技術減少資訊傳遞，以達到裁員 20%的目標。但是參觀了 Mazda（馬自達）之後，他們震驚了。Mazda 是家小公司，應付款部門僅有 5 人，就算按公司規模進行資料調整之後，福特公司也多雇傭了 5 倍的員工，於是他們推翻了第一種方案，決定徹底重建流程，如圖所示。

圖 7-2　福特新付款流程圖

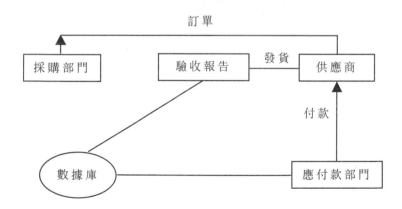

在該流程中：

1. 採購部門發出訂單，同時將訂單內容輸入聯機資料庫；

2. 供應商發貨，驗收部門核查來貨是否與資料庫中的內容相吻合，如果吻合就收貨，並終端上按鍵通知資料庫，電腦會自動按時

付款。

福特公司改善了流程，由於新流程採用的是「無發票」制度，大大簡化了工作環節，主要表現在以下三個方面。

1. 以往應付款部門需在訂單、驗收報告和發票中核查 14 項內容，而如今只需檢查 3 項——零件名稱、數量和供應商代碼；

2. 實現裁員 75%，而非原定的 20%；

3. 由於訂單和驗收單的自然吻合，使得付款也必然及時而準確，從而簡化了物料管理工作，並使得財務資訊更加準確。

從福特公司北美部門改善流程的成功案例中，可以看出企業的流程必須要與時俱進，不斷改善，只有這樣，流程才能適應企業的發展變化，發揮應有的作用。

儘管很多企業在建立流程體系時，都很詳細完善，但是，這並不意味著流程管理工作以後就必須一直嚴格按此順序開展，隨著企業的發展變化，流程也需要不斷完善。這就好比城市規劃，在規劃之前，並不代表城市就一直沒有規劃，只是現在發現城市的建設已經嚴重影響城市的發展，有必要對城市建設進行更科學、更系統的管理而已。而且成立城市規劃部門，也不能馬上根據城市地圖來個翻天覆地的「格式化」，這是非常不現實的。規劃與優化應該齊頭並進，規劃是願景，那麼優化就是實現藍圖的一個重要手段。可見，流程優化是一個不斷改善、循序漸進的過程。

三、流程優化的五大有效策略

流程優化不僅僅指做正確的事，還包括如何正確地做這些事。

流程優化是一項策略，通過不斷發展、完善、優化業務流程保持企業的競爭優勢。在流程的設計和實施過程中，要對流程進行不斷地改進，以期取得最佳的效果。對現有工作流程的梳理、完善和改進的過程，稱為流程的優化。

例如平常要做飯的話，就需要淘米、燒飯、洗菜、切菜、炒菜、就餐，從淘米到就餐，按照每個步驟所花的時間，簡單相加，做一頓飯所需的時間是 43 分鐘。然而，如果我們對做飯的流程進行優化：

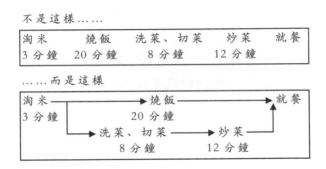

通過流程的優化，在燒飯的同時，也進行洗菜、切菜和炒菜的流程，那麼，在品質和成本不變的情況下，流程的時間縮短到了 23 分鐘，效率也隨之提高，人力成本率便提高了。

對流程的優化，不論是對流程整體的優化還是對其中部份的改進，如減少環節、改變時序，都是以提高工作品質、提高工作效率、降低勞動強度、降低人力成本等為目的。

流程優化的基本原則及有效策略，就是 ESIA：即清除（Elimi-nate）、簡化（Simply）、整合（Integrate）、自動化（Automate）。

如何提高效率、減少浪費、降低成本，將成為許多企業管理的重點，而優化流程則是達到這一管理效果的一個重要手段。

（一） 清除無附加值的環節

如果流程中各個環節結束後未創造出預期的價值，那麼，流程的執行也就失去了意義，執行流程只會平白地消耗資源。此時，只有刪除那些冗餘的流程，才能將有限的資源投入到其他流程中去，在總體上縮短流程週期。

清除（Eliminate），指對組織內現有流程中非必要非增值活動予以清除。

企業圍繞價值鏈所進行的所有活動，無效活動首先要予以清除。例如，等待時間，故障、缺陷和失誤，重覆性工作，這些都是要堅決清除的。

在我們對流程進行評估時，每個工作項目都可以考慮「對產品/服務必需嗎？」「對顧客有貢獻嗎？」「對業務功能有貢獻嗎？」區分出那些流程是屬於真正的增值流程和非增值流程。

（二） 簡化

如果當前的工作環節皆不能被取消，那麼，管理者為了簡化流程，會考慮將各個環節適當加以合併。合併是指將兩個或兩個以上的事務或環節合為一個。

簡化（Simply），就是清除了非增值的活動後，對剩下的流程活動進行簡化，即簡化溝通環節、表現形式和報表格式等，從而降低管理成本。這種簡化是對工作內容和處理環節本身的簡化。

對流程進行簡化，優化組織內部過於複雜的表格、過於複雜的技術系統、過於專業化分工的程序、缺乏優化的物流系統及複雜的溝通形式，使各種流程活動更加簡捷，快速有效。

圖 7-3　流程簡化要求

表格	→	重新設計，數據完備，易於理解和填寫
程序	→	說明簡單明瞭，不要長篇不論
溝通	→	言簡意賅，避免使用行話
技術	→	低技術能夠解決問題的地方一定不要使用
流	→	畫出物流和文件流過組織的實際過程，更容易發現改進機會
流程	→	按客戶群分割流程，使每個具體情況下的流程都更簡單、有針對性
問題區域	→	進一步簡化的機會

（三）整合

對不合理的流程進行變革，對不合理的環節予以重新排序。重新排序是將所有作業環節按照合理的邏輯重排順序，或改變其他要素順序後，重新安排各作業環節的順序和步驟，透過改變各環節的順序（例如手動作改換為腳動作、生產現場機器設備位置的調整改變等），使各環節重新組合，使作業更有條理，工作效率更高。

如工作環節不能清除和簡化，可進而研究能否整合。為了做好一項工作，自然要有分工和合作，分工的目的，或是由於專業需要，為了提高工作效率；或是因工作量超過某些人員所能承受的負擔。如果不是這樣，就需要對流程某些活動進行整合。有時為了提高效

率、簡化工作甚至不必過多地考慮專業分工，而且特別需要考慮保持滿負荷工作。

通過對流程活動按照合理的邏輯重排順序，或者在改變其他要素順序後，重新安排工作順序和步驟可以使作業更有條理。

（四）自動化

自動化（Automate），指在清除、簡化、整合的基礎上，作業流程的自動化。自動化就是要用自動化的設施來代替手工的操作，從而提高整個流程的效率和準確度。

據美國 ARC 公司調查，應用流程工業綜合自動化技術可獲得顯著的經濟效益，即使在人力成本不變的情況下，利潤的提高，人力成本率也就降下去。

企業可以對其中髒、累、險以及乏味的工作或流程及數據的採集與傳輸等工作實施系統改造，實現此類流程或任務的自動化。這樣不但大大減少流程差錯機會、提升流程效率，同時還可以達到降低人工成本的目的。

四、舊流程推倒重來

如何提高效率、減少浪費、降低成本，是許多企業的管理重點。

經濟學鼻祖亞當斯密對一家別針工廠做出描述：員工各自負責別針製作的一個環節，比每位員工獨自完成全過程生產的效率高出幾百倍。但是，由於管理的過度細化，日見膨脹的信息量和信息流通量卻成為無形的障礙，但問題並非出自工作和員工身上，而是整

個流程的結構優化不合理。對此，一些管理學家提出進行流程重建——將現有作業流程推倒重來，以期透過改換方式來完成流程優化。

分析診斷功能可以用來識別流程中各種問題發生的因果關係。分析者不斷提問為什麼前一個事件會發生，直到一個新的故障模式被發現——這種對問題本源的探究，會引起分析者從反向發現問題，繼而從問題出發實現流程重新設計。分析法的實施主要有 3 個部份：

(1)把握現狀

在弄清異常出現的原因之前，分析者詢問下面的問題是很重要的。

①識別問題：我知道什麼？

②澄清問題：實際發生了什麼？應該發生什麼？

③分解問題：關於這個問題我還知道什麼？

④查找原因要點：我需要去那裏？我需要看什麼？誰可能掌握更多信息？

⑤把握問題的傾向：誰負責這個環節？什麼時間發生的？頻率多高？

(2)確認異常現象的直接原因

如果原因是可見的，分析者則對之加以驗證。如果原因是不可見的，則考慮潛在原因並核實可能性最大的原因，繼而依據事實確認直接原因。對此，分析者可以透過這樣的問題進行確認：這個問題為什麼發生？我能看見問題的直接原因嗎？如果不能，潛在原因可能是什麼呢？如何核實最可能的潛在原因呢？如何確認直接原

因？

　　某生產線上的一台設備經常停轉，操作人員不得不定時更換保險絲以恢復工作，更換保險絲竟然成為該設備操作的重要環節。對此，小組長與操作人員進行了以下的問答。

　　問：「為什麼機器停了？」

　　答：「因為超過了負荷，保險絲斷了。」

　　問：「為什麼超負荷呢？」

　　答：「因為軸承的潤滑不夠。」

　　問：「為什麼潤滑不夠？」

　　答：「因為潤滑泵吸不上油來。」

　　問：「為什麼吸不上油來？」

　　答：「因為油泵軸磨損、鬆動了。」

　　問：「為什麼磨損了呢？」

　　再答：「因為沒有安裝篩檢程式，混進了鐵屑等雜質。」

　　最後，小組長和員工一致認為應該給設備安裝篩檢程式。

　　經過連續 5 次不停地問「為什麼」，小組長和操作人員終於找到問題出現的真正原因——沒有安裝篩檢程式，設備中混進了鐵屑等雜質。

⑶建立原因——結果關係鏈

　　分析者透過使用 5why 調查方法來建立一個通向根本原因的原因結果關係鏈。問：處理直接原因會防止再發生嗎？如果不能，我能發現下一級原因嗎？如果不能，我懷疑什麼是下一級原因呢？我怎麼才能核實和確認是否是下一級的原因呢？處理這一級原因會防止再發生嗎？

以我們剛剛提過的案例為例，小組長透過 5why 提問和操作人員的回答形成了一條關係鏈，這個關係鏈引導小組長和操作人員找到了最根本的解決方法——在油泵軸上安裝篩檢程式。用這種追根究底的精神來發掘問題，使真正的問題被發現並得到徹底解決，而操作人員的工作流程中自此減少了一個環節——更換保險絲。

五、業務標準化的形式

管理業務標準化，是把企業中重覆出現的、常規性的管理業務，科學地規定其工作流程和工作方法，制定為標準固定下來，以作為管理行動的準則。實行管理業務標準化，對加強企業管理有著重要作用。

1. 有利於建立正常的管理秩序

2. 有利於管理人員素質的提高

3. 有利於定員工作水準的提高

4. 有利於領導集中精力處理一些重大的經營管理問題

5. 有利實現管理現代化

為了把某項管理業務的流程、方法、資訊提供關係等方面的要求，更系統更形象地顯示出來，管理業務標準通常採用管理業務流程圖的形式來表達。

1. 管理業務流程圖繪製的方式

一般有以下幾種常見的圖解方法。

⑴箭頭圖。它比較系統地顯示了該廠工具製造和供應的管理工作流程、工作內容、涉及人員、相互關係及住處資料的提供。流程

圖的內容、框線、符號、流向都不固定或沒有統一的要求，根據各自的需要而定，因而使用時就比較靈活。

　　矩陣框圖（表格式）。它反映的是企業中企業管理辦公室的某項職能工作，即各職能科室管理業務協調工作的流程圖。這種形式的特點是，圖形比較規範、明瞭，但它所能容納的內容較少，一般只適用於較簡單的管理業務工作。

　　⑶流程圖（系統設計圖）。這種圖形的特點是採用標準的圖形和符號，以及固定的流向（從上至下或從左至右）。這些圖形和符號，大致來自兩個方面：一是電腦流程設計中的某些符號；二是工程技術圖表中的某些符號。

2.一張比較完整的流程圖應包括的內容

　　⑴流程。指一項業務工作從開始發生到最後結束的固定順序，以及各項流程的工作內容。

　　⑵部門或崗位。在業務流程中按分工與協作的要求，明確應由那些部門或崗位來從事這些業務工作，以及它們之間的聯繫。

　　⑶信息。指採用何種資訊載體（申請書、圖紙、說明書、明細表、單據憑證、計劃文件等），資訊的傳遞路線如何（憑證誰負責填寫，一式幾份，分發那些單位等）。

　　⑷文字說明。對管理業務流程應儘量採用圖解的方法。但有些問題無法在圖上表達清楚時，可以用簡要的文字說明，作為圖表的附件。

六、業務標準化的制定步驟

1. 確定需要制訂管理業務標準的管理業務活動

通過這一步的確認，把那些不可能或不必要的管理活動排除出去。例如，企業領導層的有些經營決策工作就很難流程化和標準化。對於這類難於標準化和流程化的管理工作，也要求規範化，但只能採用較為概略的規範方法，通常的做法是，明確其工作的職責權限以及制定一般的工作守則。

2. 運用圖解法，對需要制定管理業務標準的各項管理活動的現狀，如實地記錄下來

記錄的方法，通常可運用總體圖、管理流程圖、崗位工作圖、資訊傳遞圖等圖表。這些圖解法的區別在於管理業務涉屬範圍的大小及描述的詳細流程。決定採用其中某種方法或幾種並用，則取決於管理業務的性質、重要性及需要分析的詳細流程。

3. 對描述下來的現有管理業務流程的合理性進行分析

這是關鍵的一個步驟。要發動有關業務部門的職工來進行廣泛地討論，看它是否符合科學管理的要求，對那些不合理的、有缺陷的，跟不上形勢要求的地方提出修改和補充意見，合理性的準繩是要完成規定的管理職能，有利於提高管理工作的品質和效率。這個分析研究過程，也就是新的、合理的管理業務流程的設計過程。對於新建企業來說，這一步則是借鑑國內外先進企業的做法，重新進行組織設計的過程。

4.對經過修改或初步設計的管理業務流程進行試驗

這就是規定一個試運轉的時間表，在實踐中來檢驗它是否符合實際，即能否達到預期的提高管理工作品質及效率的要求，以及現有管理人員的素質能否適應新流程的要求。在試運轉過程中，常會出現設計的流程局部出現「堵塞」的現象。要分析造成「堵塞」的原因，採取措施，逐個疏通。經過一定時期的試運轉，如果實踐表明，流程暢通了，工作效率提高了，管理品質改進了，就可以把這一管理流程作為標準確認下來。

5.正式編制管理業務標準，由廠長頒佈執行

執行中要解決的問題，一是要認真貫徹執行，堅決制止按老辦法「我行我素，各行其事」，為此，要進行檢查和考核，把貫徹管理業務標準納入部門及崗位責任制考核的內容。二是要加強人員培訓，提高執行管理業務標準的自覺性及管理人員的業務素質，把管理業務標準作為管理人員崗位培訓的必讀教材，使管理人員適應管理業務標準的要求。

第 **8** 章

調查組織現狀

步驟一、分析現行的組織狀況

　　下一步驟是分析那些由步驟一、二的面談訪問中所獲悉的信息情報。這一過程始於對現行組織「健康」情形的精確評估。可由下列問題表示：組織總體的目標是否恰當？某一特定年度或五年計劃，是否均能與組織目標相配合？公司的績效是否合於他們的期望？組織中，各部門的績效水準一致的程度如何？或者不一致的程度如何？成功或失敗的標準是什麼？是因為組織上的理由，或是非組織上的原因？（所有不與組織困難有關的問題，均不在此時討論之列），而此刻應特別牢記的是：組織唯一的目標，就是要滿足企業所設定的各種目的或理想。若組織無法達到這些目標，則可針對此類缺點，先行發展出一些預擬解決的意見。

　　接著必須分析組織的基本結構，其中包括：各個管理的階層，

每一階層的功能，集權的程度，薪資系統，管理信息系統，向上司報告及職權的關係，甚至於包括各個辦公室的地理位置分配，以及辦公室內的擺設佈置等。基本結構分析的注意力，彙集中於組織所「必須」擁有的功能上，而不論這些功能目前的績效是好是壞，或只是部份的達成。同時也必須仔細的分析組織中各個小集團或部門間的交互作用關係及其程度。

當檢視完組織的基本結構，並確定其與公司的整體目標相一致後，就可分析組織結構中其他的要素，以便完成整體組織系統的分析，這裏所謂其他的要素分析，包括：信息情報系統，報告及控制系統，以及所有正式及非正式的溝通網路。此時必須確定這些要素，非但不得與基本結構相互矛盾，同時，更應力求相輔相成之效。而所有不協調處，都應加以特別的注意，以便提出更正的行動。

顯而易見，人們在組織「計劃」裏以及在組織的實際行為上，將有非常顯著的差異。因此，組織分析的下一步驟，即為對組織中的人員，作較客觀的評估。「步驟一」中搜集了部份初步的人事數據，而在「組織成員訪談」時，又搜集了許多有關人事的細節資料，此時則可將這二次搜集的數據予以合併，以便評估組織成員的發展潛能。無論是內部工作小組或管理顧問組員，此時均應為其所評定的人員等級，準備充份的辯護素材，因為無論你評定的結果如何，幾乎都一定會遭到高級主管不同意見的挑戰。

檢視分析組織的最後階段，就是要綜合所有的發現，並做成若干結論。各種問題必須被確認出來，同時，列舉出這些問題之所以存在的理由，以及判斷（至少要主觀的）這些問題對利潤的影響程度。

步驟二、瞭解企業狀況

當組織已確定外部環境或內部環境的變動對其生存或成長有所影響，並經由確定問題的步驟，分析了各種特定問題的本質後，變革的設計者可借助許多的工具與技巧，用以診斷該公司的當前情況，是否足以應付環境的變化，也可用以診斷出問題的所在。現將一般常用的工具簡略介紹如下：

1. 組織問卷

分析企業組織當前情況的第一個步驟，是確定當前人員的職位與其功能。這種組織問卷的內容，不外乎包括各人員的職位、部門作業、責任與職權的大小、工作流程。表 8-1 為一位專家所建議的組織問卷內容。

①組織圖。以圖形方式表示某一時間內的組織直線職權與主要職能。其圖形繁簡不一，但為了組織分析的目的，最好是盡可能地簡化，並能明顯地表示出組織間的縱、橫職權關係。

②組織機構圖的調查

這是對全體構成人員的圖表進行調查。調查對象包括經營者、從業人員的組織機構圖。例如，現行機構圖、舊機構圖、組織機構圖、建立組織的特點等。在調查過程中，要畫出現在的職能組織圖，按照組織圖透過訪問調查法聽取對機構的意見。

表 8-1　ABL 公司主管組織問卷表

1. 你的名字

2. 你的部門

3. 你的科室

4. 你職位的名稱或頭銜

5. 你的辦公位置

6. 你向誰報告

7. 你直接上司的名稱或頭銜

8. 那些向你報告者的名字頭銜或名稱是什麼

9. 詳細的列出目前你所知的職位責任

10. 你職權的本質是什麼

① 是制定政策

② 是費用支出

③ 是人員的甄選、提拔、退休或辭退與報酬的改變

④ 是設立方法與程序

11. 指出你所歸屬的各種商業團體或公司內任何委員會，假如你是主席，則列出委員會的目的、業務範圍以及完成的事件

12. 列出一般你所接受或準備的報表名稱

13. 列出你保管的各種基本報表

14. 列出瞭解你的責任與業務的其他方式，包括任何需要特別注意的問題與任何改進的建議或對整個公司組織結構的一般建議。

2. 職務狀況調查

　　調查的對象是對各個經營層、各部門或同級各職務是否都明確

地規定了權責範圍。進行調查時，要針對以下項目展開。

⑴各職務人員是否能清楚地理解他在整個組織中所起的作用，以及與組織的關係。

⑵是否能準確客觀地對各職務人員的能力、業績進行考評。

⑶是否有考評各職務人員的指標依據。

3.職位說明

多數職位說明包括的資料有：工作名稱、主要權力、職責、執行此責任的職權，以及此職位與公司其他職位的關係，及與外界人員的關係。

4.職權控制調查

調查的對象是從整個企業出發，對組織中各業務活動方式進行控制調查。這種控制調查要對某些業務活動進行控制的各單位的職能、職責和關係進行瞭解。同時，還要瞭解各經營層權限的來源和限度，以及在評價其成果時採用的方法。

5.組織手冊

通常是職位說明與組織圖的綜合，以表示出直線單位的職權與責任，每一職位主要職能及其職權、責任，以及主要職位之間相互的關係。有時組織手冊還包括公司目標與政策說明。

6.組織規定及分工規定的調查

調查對象是對董事會、全面經營層、部門經營層、現場管理層及其他主要職務所規定的性質的種類。制訂和貫徹這些規定，是為了密切配合經營負責人的參謀部門的工作。因此，對制訂這些規定的部門進行調查也是非常重要的。在調查過程中，一定要將調查深入到同一組織過程的最下層。

7.公司業務程序的調查

調查對象是有關職務分析、管理規定、業務程序規定、董事會制度、常務會制度、預算控制制度、傳閱審批制度、授權手續規定、企業內部規定、內部報告制度、組織監察規定等方面的程序。

步驟三、瞭解組織圖狀況

組織診斷是對整個組織進行的，所以首先要對組織概況進行調查。

1.現行組織機構圖的調查

這是對全體進行調查。調查對象包括經營者、從業人員的組織機構圖。例如，垷行機構圖、舊機構圖、組織機構圖、建立組織的特點等。在調查過程中，要畫出現在的職能組織圖，按照組織圖透過訪問調查法聽取對機構的意見。

2.職務狀況調查

調查的對象是對各個經營層、各部門或同級各職務是否都明確地規定了權責範圍。進行調查時，要針對以下項目展開。

⑴各職務人員是否能清楚地理解他在整個組織中所起的作用，以及與組織的關係。

⑵是否能準確客觀地對各職務人員的能力、業績進行考評。

⑶是否有考評各職務人員的指標依據。

3.職權控制調查

調查的對象是從整個企業出發，對組織中各業務活動方式進行控制調查。這種控制調查要對某些業務活動進行控制的各單位的職

能、職責和關係進行瞭解。同時，還要瞭解各經營層權限的來源和限度，以及在評價其成果時採用的方法。

4.組織規定及分工規定的調查

調查對象是對董事會、全面經營層、部門經營層、現場管理層及其他主要職務所規定的性質的種類。制訂和貫徹這些規定，是為了密切配合經營負責人的參謀部門的工作。因此，對制訂這些規定的部門進行調查也是非常重要的。在調查過程中，一定要將調查深入到同一組織過程的最下層。

5.公司業務程序的調查

調查對象是有關職務分析、管理規定、業務程序規定、董事會制度、常務會制度、預算控制制度、傳閱審批制度、授權手續規定、企業內部規定、內部報告制度、組織監察規定等方面的程序。

6.組織機構的調查

關於執行業務部門的調查，要調查最高經營管理層的組織，特別是要調查董事會制度的責任和權限。此外，關於支持業務部門的調查，則以參謀組織、委員會制度為調查對象。對科室設立方針的調查方法，其對象為各功能組織、各種產品組織、各區域市場組織的種類和設立原因。調查所使用的基本方法包括以下幾個方面：

⑴分發組織狀況調查表，由企業各級經營人員填寫。

⑵與各級經營者、職員進行個別談話。

⑶閱讀職位說明書。

⑷查閱企業組織圖。

⑸查閱企業系統圖。

⑹查閱職員考核表。

(7)閱讀企業會議記錄。

步驟四、管理結構圖

完善的管理組織應該具有完整準確的組織文件，用來明確闡述組織中目標、任務、組織政策、組織結構、組織職位、職位標準、工作和權力的劃分等問題，組織文件是管理工作的依據。但在許多企業中，管理組織文件不健全，要麼內容不完整，要麼不落實，有的甚至根本沒有必要的文件，使機構的增減、職權的行使、部門關係的協調等帶有很大的隨意性，其結果不但容易造成管理的混亂，同時也為那些玩弄權術、有意製造矛盾的人提供了方便，還助長了推卸責任、自私自利風氣的形成。

完整的管理組織文件手冊至少應包括以下內容。

(1)管理組織結構圖

管理組織機構圖，簡稱組織圖，是透過圖表形式對管理組織中各職位或部門之間的主要職權關係加以簡單扼要的描述。

組織圖的功能在於：

①描述任務和職責在組織內各個職位、各部門之間的分配情況；

②標明職位集合成部門、部門集合成整個組織的組合情況；

③規定組織的正式報告關係，包括等級層次的數目及管理幅度等。

(2)您對公司的組織結構是否有清晰瞭解？

1. 您熟悉目前公司的組織架構嗎？請您按照圖示的要求繪製

公司的組織結構信息。

圖 8-1　組織架構

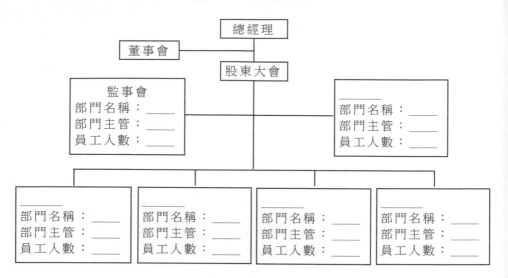

2. 目前情況和市場環境對您基本職能有那些影響？是否需要調整基本職能？

3. 為了達到企業目標，你什麼職能必須得到出色的履行？關鍵職能是什麼？

(3)貴公司組織體系健康狀況如何？

您可以透過回答表的問題，重新認識公司的組織架構，審視組織結構中可能存在的隱患，找出影響公司長期發展和正常運作的病症。

表 8-2　組織結構測試表

1. 高層主管是否過多陷入了事務性工作？ □基本沒有　□上述現象時有發生 □過多，高層主管沒有時間考慮重大問題 □過多，高層主管沒有時間考慮重大問題，且影響民眾層的積極性
2. 在日常管理中，上下級間的指令和彙報是否存在越級現象？ □非常普遍　　□有時有　　□幾乎沒有
3. 職能部門能很好地服務於公司運作嗎？ □非常好　　　□一般　　　□不好　　　□很不好
4. 這些部門沒有很好發揮作用的原因？ □服務意識不強　　□工作積極性不高　　□內部關係不好協調 □沒有得到充分授權　□人員素質低　　□權責不明，職責不清 □其他
5. 在需要眾多部門合作的事務中，您認為部門間的職責定界明確嗎？ □非常明確　　□比較明確　　□不太明確　　□非常不明確
6. 部門間經常出現推諉或扯皮現象嗎？ □經常存在　　□偶爾　　□不存在
7. 如果部門間存在推諉或扯皮現象，其原因是什麼？ □規章制度不健全　□業務流程不合理　□本位主義嚴重 □員工主動性不強　□其他
8. 公司員工是否經常面臨多個主管分派任務的情況？ □經常　　□有時　　□偶爾　　□沒有
9. 您在人員調配、考核晉級、獎金分配上需要更大的權力嗎？

□需要　　□無所謂　　□不需要
10. 在某項工作中，員工是否能充分行使其建議權？ □經常　　　□一般　　　　□偶爾
11. 員工透過什麼管道瞭解公司的重要信息？ □電子郵件　　□會議傳達　　□張貼公告　　□各級主管轉達 □小道消息　　□其他
12. 您認為公司的管理制度是否能得到嚴格的執行？ □能　　　□好像能　　□不能　　□不知道
13. 您認為貴公司的組織結構是否臃腫、人員龐雜？ □是　　　□否

第 **9** 章

組織內部因素的診斷內容

診斷 1、集權與分權的妥善關係

　　集權與分權是一個相對的概念，不存在著絕對的分權和集權。職權的絕對集中意味著沒有下屬管理人員，也就失去了等級鏈，因而也就不存在組織結構的問題。職權的絕對分散意味著沒有上層的主管人員。實際上，這兩種組織結構都不存在。可見，集權與分權的問題只是職權集中或分散的一種程度的確定。

　　在企業組織診斷時，要注意分析影響職權分散的因素，以便因勢利導，使受診企業的職權分散有效化。在影響職權分散的諸多因素中，企業規模擴大和經營多角化是職權分散的基本原因，這是組織診斷時必須應首先予以注意的。其次，實現有效控制是職權分散的基本前提。職權分散的最大忌諱就是上級失去有效的控制。授權給下級，決不意味著上級把工作完成得好壞的責任讓下級來承擔，

上級必須承擔督促下級完成委派任務的責任。診斷者應該首先清楚，職權分散的整個過程包括確定預期成果(目標)、委派任務、授予實現這些任務所需的職權，以及履行職責使下屬實現這些任務。

一個具體企業的職權分散與集中程度，是由許多影響因素決定的。一般來說，規模較大的企業傾向於職權分散，反之，則需集中；從內部擴展起來的企業集權較多，合併或聯合起來的企業則往往分權較多；各級管理人員的數量或素質不足傾向於職權集中，控制手段較完備則傾向於職權分散；重視民主管理必然也傾向於職權分散。

診斷 2、組織形式

現代企業的組織形式主要有直線職能制、事業部制和矩陣結構等等，對不同組織形式的適用性進行診斷，可作為管理組織機構的改革提供比較適宜的組織形式。

直線職能制是一種傳統的組織形式。這種組織形式的主要優點在於各級直線主管人員都有相應的職能機構和人員作為參謀和助手，因而能夠對本部門進行有效的管理，以適應現代管理工作較為複雜的特點，而每個部門都是由直線人員統一指揮的，這就滿足了現代組織活動需要統一指揮和實行嚴格的責任制度的要求。其不足在於下級部門的主動性和積極性的發揮受到限制；部門之間信息溝通少，不利於集思廣益地做出決策；各參謀部門和直線指揮部門之間的目標不統一，容易產生矛盾，使上層主管的協調工作量增大；組織系統對環境變化的適應性和反應差。這種組織形式適用的範

圍：企業規模不大、產品品種不太複雜、技術比較穩定的企業。

　　事業部制是現代企業中較為流行的一種組織形式。優點是在事業部內形成了一個比較完整的經營管理系統，事業部的主管可以在總企業政策允許的範圍內，對生產過程實行統一領導、獨立經營，具有較強的靈活性和市場選擇的適應性；總企業能夠從具體管理事務中擺脫出來，進行戰略的研究和制定；事業部有利於發展產品專業化。

　　其不足之處是容易使各事業部產生本位主義，只考慮本部門利益，影響事業部之間的協作；造成機構重覆設置，增加管理資源成本。這種組織形式主要適用於規模較大、產品品種較多、各產品間技術差別較大、產品具有獨立市場、各事業部能獨立經營的企業。

　　矩陣制又稱規劃──目標結構制。矩陣制既有管理目標和組成人員臨時性的特點，又有組織形式固定性的特點。它的優點是具有較強的靈活性、適用性；合理地處理了集權與分權的關係；有利於激發各類專業管理人員和技術人員的積極性；有利於人力資源的開發和利用。其不足是組織成員的穩定性差，容易產生臨時性觀念，影響工作的責任心；組織成員接受雙重領導，易產生無所適從現象。這種組織形式適用於新產品的設計、開發與臨時性任務較多的企業。

診斷 3、直線指揮系統與職能參謀系統

　　明確公司內的直線與參謀系統關係，是組織機構職權體系設計的重要問題。

在管理組織中，無論什麼樣的組織形式都存在著直線指揮和職能參謀系統的關係問題。在組織診斷中，要重點從這兩個系統的關係分析中找出存在的問題和原因，提出改善的方案。在企業組織運作中，可能存在的問題就是兩個系統工作內容劃分的不合理，權力、職責不清，目標不明確，出現不協調或矛盾。

直線與參謀系統的關係是一種職權關係，在組織運轉中必須處理好二者的關係。它們在組織中是相輔相成的，有著各自的工作範圍和內容。但是，在實際工作中往往也產生矛盾，造成組織低效運轉。

直線職權是保證組織有效運行的首要職權，一個組織，從最高層到每個下屬的職權越明確，則越有益於組織目標的實現。

參謀職權的作用要以發揮直線職權的權威性和有效性為前提。

在組織運作中，兩個系統的工作往往又相互交叉，難以截然分開，因而也常常發生矛盾。在組織診斷時，要正確地分析這些矛盾現象。

組織的直線指揮系統，是組織中從上至下為完成組織目標而形成的指揮鏈或權力線，它對組織目標的實現具有直接責任和權力，具體包括：

· 對企業的發展和日常工作進行決策和發佈指令；

· 對企業資源進行有效配置和組織各部門完成經營目標；

· 進行信息的傳遞和溝通；

· 組織協調各管理部門的工作。

組織的職能參謀系統，是組織中協調直線指揮系統有效完成組

織目標的機構，它只具有提供諮詢、建議等權力，而不具有指揮的權力，具體包括：

　　·為直線指揮系統提供輔助性的服務；

　　·向直線指揮系統提供各種建議性方案；

　　·向直線指揮系統提供諮詢信息。

診斷 4、管理幅度與管理層次

　　一個企業的組織結構複雜程度，很大程度取決於管理幅度和管理層次的變化。管理層次是指組織的縱向結構的等級層次，有多少等級層次，就有多少管理層次。一般來說，管理層次分上層、中層和下層。管理幅度又稱管理寬度，是指一名主管人員直接管理其下屬的人數。

　　管理幅度與管理層次有著密切的聯繫，它們二者數量的變化是成反比關係的。加大管理幅度可以減少管理層次，反之，減小管理幅度，就要增加管理層次。管理層次決定了組織的縱向結構，管理幅度決定了組織的橫向結構。因此，在組織診斷時，首先要對管理幅度和管理層次設計的合理性和需求的必要性進行分析。

　　能夠直接有效地指揮下屬的人數是有一定限度的，既不是越多越好，也不是越少越好。對於組織的管理幅度以多大最為適宜，不同的企業要根據其特點進行不同的分析，應從影響因素和判斷標準來加以分析。

　　有效的管理幅度的確定主要受以下因素影響：

　　·工作的性質和內容；

‧ 部屬人員的素質和能力；

‧ 組織內部的信息溝通與回饋；

‧ 工作與任務的協調程度；

‧ 計劃工作的水準；

‧ 授權程度。

一般來說，在組織工作內容性質相似、人員工作能力較強、授權較充分、上下級信息溝通迅速、組織系統關係容易協調的情況下，管理幅度可大一些，反之要小一些。

診斷 5、綜合管理與專業管理的彼此關係

專業管理是指企業組織中有關局部性、執行性的某些專門的管理工作。在組織架構中，一定的專業管理組成相應的專業職能部門，如企業中的行銷、技術、生產、物資、設備、財務等職能部門。

綜合管理是指企業組織中有關全局性、決策性的某些綜合的管理工作。綜合管理部門的重要任務之一，就是協調各個專業職能部門的活動，使之為組織目標而協同動作。處理好綜合管理與專業管理之間的關係是組織診斷的一個重要課題。

企業傳統的組織形式是直線職能制。這種組織形式雖然有助於發揮各個專業管理職能部門的長處，但卻給綜合管理工作帶來了困難。有些規模較大的企業，專業職能部門數量較多。這些部門只分別對分管主要負責，對橫向的協調卻不關心，使得整個企業的目標、行動很難統一，經營決策緩慢，往往貽誤時機。

如何強化綜合管理部門的作用，處理好綜合管理與專業職能部

門之間的橫向協調問題，是組織診斷中的一個基本內容和關鍵問題。

診斷 6、人員編制的診斷

作為生產力的基本要素，人力資源是任何企業組織從事經濟活動的必要條件。

組織從設計組建時起，就要考慮需要多少人，應具備什麼樣的條件，如何將這些人合理地組合起來，既能滿足生產和工作的需要，又使各人都能夠發揮其應有的作用。

定責、定崗、定編、定員、定額、定薪，簡稱「六定」），被稱為管理基礎性工作，把「六定」工作進行健全和完善，才能確保不斷地進行組織診斷與創新，工作崗位對員工的質與量的規定更加明確，從而實現人力資源數量與素質的合理配置。

1. 定責

定責是指在明確組織目標，對組織目標進行設定、分解，並進行系統的崗位分析的基礎上，對部門職能和崗位職責進行分解和設計，達到各部門與各崗位職責明晰、高效分工與協作，製作出部門職責說明書、崗位職責說明書的過程。

2. 定崗

合理、順暢、高效的組織結構是企業快速、有序運行的基礎，定崗就是在生產組織合理設計的基礎上，從空間上和時間上科學地界定各個工作崗位的分工與協作關係，並明確地規定各個崗位的職責範圍、人員的素質要求、工作程序和任務總量。因事設崗是崗位設置的

基本原則。

3. 定編

　　廣義的定編是指企業單位中，各類組織機構的設置、人員數量定額、結構、職務的配置。編制包括機構編制和人員編制兩個部份，這裏研究的是對工作組織中各類崗位的數量、職務的分配，以及人員的數量及其結構所作的統一規定的人員編制。

　　定編是在定責、定崗的基礎上，對各種職能部門和業務機構的合理佈局和設置的過程。定編為企業制訂生產經營計劃和人事調配提供了依據，有利於企業組織結構的提高效率。

4. 定員

　　定員是為保證企業生產經營活動的正常進行，按照工作任務所需的人員素質要求，對企業配備各類人員所預先規定的限額。

　　企業定員的範圍是以企業組織常年性生產、工作崗位為對象，具體既包括從事各類活動的一般員工，也包括各類初、中級經營管理人員、專業技術人員，乃至高層人員。

5. 定額

　　定額是在規範的企業組織，合理地使用材料、機械、設備的條件下，預先規定完成單位合格產品所消耗的資源數量的標準，它反映的是在一定時期的社會生產力水準的高低。在企業中實行工作定額的人員佔全體員工的40%～50%，企業可以工時定額等數據為依據，核定出這些有定額人員的定員人數。

6. 定薪

　　企業薪酬體系對企業的發展有著舉足輕重的作用。薪酬是每個員工都關注的問題，也是影響員工滿意度的關鍵因素之一。定薪是建立

在崗位評價的基礎上，運用各種方法或模式構建，由外在薪酬和內在薪酬構成的薪酬體系。

外在薪酬，即員工透過為企業做出貢獻而獲得的直接或間接的貨幣收入，包括基本薪資、獎金、津貼、保險以及其他福利等。

內在薪酬，一般是指非物質回報，如員工透過努力工作而獲得晉升、表揚或重視等，進而產生的安全感、成就感滿足感、公平感、自我實現感、尊重感等。

崗位評價結果是建立薪酬體系的重要依據，但定薪還需要進行薪酬調查、企業薪酬承受能力測試等，並且結合對員工的績效考核，使績效優良者優先評為先進，得到晉升，增加薪資；使績效劣差者受到降級或降低薪資，這樣才能充分發揮薪酬的基本經濟保障作用、激勵作用，從而激發員工的積極性，並且吸引、留住優秀員工。

診斷 7、職務分析

下一個組織職位的工作，包括職位設置和職位說明書編寫兩個環節。根據決策流程和彙報關係，對各職能單元或者部門的職能在其內部進行細化，進一步分解成各職位的職責。此時，應注意對組織內部各職位之間的職責範圍進行反覆核查，以避免職能缺失或職能重疊，並保證組織內部各項工作的有效制衡。此階段的工作一般由組織設計人員和各職能單元或部門的第一負責人共同進行。

在職位設計階段，需要進行職位設置，也要編寫職位說明書，在進行這兩項工作的過程中，需要不斷地對企業組織內部各職位之間的職責範圍進行反覆核查，以避免職能缺失或職能重疊。下表所

提供的組織職能設置核查表是該項工作的基礎工具。

在進行組織職能設置核查時，需要對組織內部的各項工作任務所涉及到的職位進行梳理，凡是該項工作所涉及到的職位必然要在流程中擔任一定的角色，承擔一定的職責，例如計劃、審核、批准、執行和監督等。在這些職責中，需要堅持三個分離：計劃、審核與批准分離；審核、批准與執行分離；執行與監督分離，以保證組織內部各項工作的有效制衡。

職務分析又稱工作分析，是對某特定的職務做出明確規定，並確定完成這一職務需要有什麼樣的行為的過程。它是全面瞭解一個職務的管理過程，是對該職務的工作內容和工作規範（任職資格）的描述和研究過程，即制定職務說明和職務規範的系統過程。

職務分析就是全面收集某一職務的有關信息，對該職務的工作從 6 個方面開展調查研究：工作內容（What）、責任者（Who）、工作崗位（Where）、工作時間（When）、怎樣操作（How）、為什麼要這樣做（Why）等，然後再將該職務的任務要求進行書面描述，整理成文的過程。

通過職務分析，可詳細瞭解為履行某個職務的工作職責，員工應具備的基本條件，在使用員工時就可以根據人的能力的大小、個性特點做出合理的安排，從而把人放在最適合的崗位上去，避免員工使用過程中的盲目性。

通過工作崗位的分析，企業要回答或者要解決以下問題：第一，「某一職位是做什麼事情的？」這一問題與職位上的工作活動有關，包括職位的名稱、工作的職責、工作的要求、工作的場所、工作的時間以及工作的條件等一系列內容。第二，「什麼樣的人來

做這些事情最適合？」這一問題則與擔任該職位的人的資格有關，包括專業、年齡、必要的知識和能力、必備的證書、工作的經歷以及心理要求等內容。

在解決以上問題的過程中，借助於工作分析，企業的最高經營管理層能夠充分瞭解每一個工作崗位上的員工所做的工作，可以發現職位之間的職責交叉和職責空缺現象，通過職位的及時調整，從而有助於提高企業的協同效應。

診斷 8、各工作崗位職位的說明書

職位說明書是對工作崗位的性質、任務、責任、環境、業績標準以及工作人員的資格條件的要求，所做的書面記錄，它是根據工作分析的各種調查資料，並對其加以整理、分析、判斷所得出的結論、編寫成的一種書面文件。

它是表明企業期望員工做些什麼、員工應做什麼、應怎樣做和在什麼樣的情況下履行職責的匯總。它包括工作描述和工作規範兩部份。

職位說明書的編寫並沒有一個標準化的模式，一份完整的職位說明書一般會包括工作描述與任職資格兩大方面的內容。

編制崗位說明書是企業進行工作分析和崗位研究時最重要的工作之一。

職位說明書是描述管理組織中某一具體職位的書面說明。通常包括三部份內容：

①職位的一般說明。包括組織中一般的職位名稱，上級職位的

名稱,編制說明書的日期及修改時間,管理者的管理幅度等;

②主要職責和基本職能的說明。主要有對職位設置目的的說明,職位職責及任務的說明;

③相關情況的介紹。主要是對各職位之間的相互聯繫(包括上下縱向關係和左右橫向聯繫的說明),以及職位同企業外部的一些關係加以說明,如財會部門與外部審計、稅務等部門的業務往來關係。

職位說明書的功能在於指導任職人員明確自己的地位及職責,使工作有效地進行。

診斷 9、員工素質的診斷

對企業所擁有的人力資源狀況進行整體診斷,不僅要考察人力資源的數量、品質狀況,還要考察其結構是否合理。人員配置結構診斷主要包括以下幾方面的內容。

1. 組織結構要扁平化

組織管理告訴我們,組織結構扁平化可以大大提高企業對市場的反應速度。許多企業也對扁平化組織架構十分心儀,但是,不少企業在實施扁平化改造時卻遭遇了一系列的困惑與挫折,困惑之中,不少企業也在積極地探索組織架構的合理性。

透過研究那些組織結構扁平化改革成功的企業,可以看出,企業進行組織結構扁平化改革必須具備以下條件:

一是擁有科學的管理平台。企業的工作程序化程度比較高,常規業務都是按照規章制度來進行,管理人員可以脫身於常規工作,

從而可加大管理幅度，有更多的時間處理例外情況並進行創新工作。

　　二是擁有高素質的企業員工。企業員工為被管理對象，其整體素質在一定程度上決定了他們認可的管理模式。在扁平化組織中，員工必須確立「自主人」的地位，具有較強的參與意識，也必須具備相應的素質和能力，例如，具有較強的自覺性、較強的責任心、優秀的工作能力。如果員工只有要求組織扁平化的需要卻沒有不具備相應的能力，那麼一旦試行就會面臨著失敗的危險。

　　三是有一批高素質的職業經理人。在扁平化組織中，由於經理層次減少，管理幅度增大，職業經理需要具備更加全面的知識，並且由於面臨的關係更加複雜，要求職業經理具有更高的素質。

　　管理平台是基礎，員工素質是前提，高素質職業經理是關鍵。要實現組織結構的扁平化改造，三者缺一不可。

2.人員數量診斷

　　人員數量是直接影響企業管理效率的重要因素，診斷的內容包括人員擁有量和人員儲備量診斷。人員擁有量診斷。要對組織當前應擁有的人力資源數量與當前實際的人數相比較，診斷是否存在人力資源的數量缺口；人員儲備量診斷。為了確保進一步發展能夠及時得到所需的人才，企業應建立自己的人才儲備庫，對外部應聘人員、行業內競爭對手企業內部的管理及技術人員、業內的資深專家等信息應在儲備庫中有所體現，並且要根據企業發展的現狀及趨勢，行業發展的要求，以及企業發展戰略等情況，確定企業自身的人才儲備數量標準。

3.人員結構診斷

現代人力資源管理要求群體內部各個成員之間應該是密切配合的互補關係。人各有所長也各有所短,以己之長補他人之短,從而使每個人的長處得到充分發揮,避免短處對工作的影響,這就叫做互補。互補產生的合力要比單個人的能力簡單相加產生合力要大得多。因此,在對企業的人力資源狀況進行診斷時,要考察企業內部的人員結構是否合理,即各個人的能力、素質等是否能夠互補。診斷的內容主要包括:知識結構、年齡結構、能級結構、領導層的氣質結構等。

4.如何判定銷售單位的人員規模

每個銷售人員在範圍大小不同、銷售潛力不同的區域內的銷售能力,計算在各種可能的銷售人員規模下,公司的總銷售額及投資報酬率,如何確定推銷人員規模的方法呢?

(1)測定銷售人員在不同的銷售潛力區域內的銷售能力

銷售潛力不同,銷售人員的銷售績效也不相同。銷售潛力高的區域,銷售人員的銷售績效也高。但是,銷售績效的增加與銷售潛力的增加並非同步,前者往往跟不上後者。例如透過調查發現,某公司推銷人員在具有全國 1%銷售潛力的區域內,其銷售績效為 16萬元;而在具有全國 5%銷售潛力的區域內,其銷售績效為 20 萬元,即每 1%平均績效僅為 4 萬元。因此,必須透過調查測定各種可能的銷售潛力下銷售人員的銷售能力。

(2)計算在各種可能的銷售人員規模下公司的總銷售額

這種方法的基本計算公式如下：

公司總銷售額＝每人銷售額×銷售人員數

例如，公司配備 100 位銷售人員在全國範圍內進行推銷。為使每位銷售人員的推銷條件相同，可將全國分成 100 塊具有相當銷售潛力的區域，每塊具有全國的 1%的銷售潛力，其銷售績效為 16 萬元。依以上公式計算可得，該公司的總銷售額為：16 萬元×100＝1600 萬元。

公司若配備 20 位銷售人員在全國範圍內進行推銷，即可將全國分成 20 塊具有相當銷售潛力的區域，每塊具有全國的 5%的銷售潛力，其銷售績效為 20 萬元。依公式計算可得，該公司的總銷售額為：20 萬元×20＝400 萬元。

如此類推，可以根據各種可能的銷售人員規模，測算出每個銷售人員在不同銷售潛力的區域內的銷售績效，從而計算出各種可能的銷售人員規模的總銷售額。

(3)根據投資報酬率確定最佳銷售人員規模

根據上述方法計算所得的各種可能的銷售人員規模的總銷售額（即銷售收入），以及透過調查得出各種相應情況的銷售成本和投資情況，即可計算各種銷售人員規模的投資報酬率。

其計算公式如下：

投資報酬率＝（銷售收入－銷售成本）/投資額

其中，投資報酬率最高者即為最佳銷售人員規模。

運用這種方法來確定銷售人員規模，首先必須有足夠的地區來

做相同銷售潛力的估計，運用時比較困難。另外，在研究中僅將地區的銷售潛力作為影響銷售績效的唯一因素，忽略了地區性顧客的組成、其地理分散程度及其他因素的影響。

因此，只有當其他因素相當，且各種可能的銷售人員規模的銷售潛力資料很容易取得時才用此法。

心得欄 _____

第 **10** 章

改變企業組織的步驟

　　企業在創辦初期若能週詳考慮，設計一種適當的企業組織結構，則對企業的實際營運或各種人力、物力、財力均可發揮最大效用。故健全組織係一個企業公司發展成長的關鍵因素，亦係一種團結全公司上下一條心的最有效工具。惟一個企業經數年經營發展擴大後，原有組織結構，則有不能配合實際需要，形同虛設的現象，乃常見事實。

　　但是一個企業若要經營成功，則公司當局應時常檢討企業組織，使能配合並針對公司實際業務的需要，使其組織富有動態性以及彈性，故組織的本質應具動態性及適應性係常理。然而在實際上，組織變動並沒有明確的開始或終點，企業在永續存在期間，可以說是無日不在各方面變動之中，其中有的變動可能只是臨時性的，如人員輪調或升遷，生產計劃的變動，或者是市場需求的變動等。但是有些的變動壓力是強有力或無法抗拒的，如生產方法的改

- 221 -

變，因大眾需要改變而導致的新技術或新市場的需要，企業主持人的易人或退休等。這些變動持續不斷的在每一個公司發生，而每項變動都需要一種平衡的，或無形的判斷，以採取適當的修改組織，以容納適應其本身變革。

步驟 1、確立組織改變後的標準

在對企業組織進行諮詢與診斷時，必須有明確的診斷標準，即理想的組織結構。

⑴明確指揮系統。這是指從組織中的最高層組織到最基層組織自上而下的指揮系統。所謂權限系統，就是經過系統中的所有接口從最高權限者向基層傳達的途徑，或者從基層向最高權限者上報的途徑。

⑵按責權明確功能。為了達到企業組織的目標，必須使功能或職務的內容明確起來。這一點應該按照以下兩條規則來確定：明確規定任務；個人的職務應只限於完成單一的指導功能。

⑶工作劃分。一個組織的業務要儘量劃分成少數不同的功能，必須明確地做出決定使這些功能分離。基本功能的性質和數量要按它們各自對企業的目標所做出的貢獻大小來決定。

⑷講求效率。判斷效率的標準是著眼於組織中有關個人達到什麼目的的程度。例如，對於經營負責人來說，效率標準應該包括：什麼是適當的經營組織機構？是否有責權明確的制度？參與制訂經營方針的情況如何？是否有提出意見的權利？是否有充分發揮潛力的機會？能否使個人需求得到最大限度的滿足？在確立效率

標準時，標準的內容因人而異，因不同的組織層次而不同。

　　向上級報告的事項包括：對於負有層層上報義務的事項，必須向上報告。一個組織單位內部或其他單位出現意見不一致時，應向上報告。對於需吸取上級意見或需要上級與其他單位協商的事項，應該向上報告。對於因改變既定方針甚至偏離既定方針而需要聽取上級意見的事項，應該向上級報告。對於上述事項，必須在組織制度中明確加以規定。

步驟 2、調查組織現狀

　　一旦公司決定了其目標，即應分析現有的組織，這種組織分析包括研究編組應執行的工作，授權的情況，和已建立的關係等。由現有組織的詳確情況，可找出現組織所存在的優劣點，再將現有組織結構和理想方案比較，就可指出實現組織目標所應作的變動，最後再決定公司調整的方針。

　　組織分析是有計劃組織改組中不可或缺的前提，由於此項分析可以清除各種重覆，減低組織關係的混淆與摩擦，改進工作程序等。

　　組織分析的第一步，就是收集分析資料，並且對有關組織結構的本質作基本決定，此包括以下各項：

　　⑴完成組織目標必須作些什麼工作。

　　⑵如何將所位含的工作予以最有效的組合，以提供可預期企業長期需要的組織結構，在這方面要決定組織基本結構的型態，究竟是職能的？產品的？地區的？抑或混合的型態？一旦決定了整個結構，就能獲得最好組合範型。

⑶當幕僚對數個單位提供專業服務時,何種工作應該被拆散或併合,以達成最低成本與最高效能的目的。

⑷為了有效的計劃、組織、協調、激勵與控制,應該創設何種職位。

收集組織分析的資料,可採取訪問的方式,透過與主管人員面談,可以得到有關主要職能範圍內的基本資料,如果需要更完整的部份,也可訪問現場的每位工作人員。

組織訪問的程序,通常是由上而下,其理由是認為每人可以經由層級系統,依權責的授權與自授權方法,可以確定重要的工作領域,其實這種理由並非完全正確,公司的主要活動,都是發生於達成企業結果的層級,也就是在基層發生,通常要確定組織中所要做的工作,也應該分別訪問每個層級,從上而下與從下而上都是必需的。

在另一方面,如果只訪問每一單位首長,他可能只強調其本身工作,或者只知曉他自己的工作。所以管理人員所提供的資料,最好能以其屬員所提供的證據使之具體化。

步驟 3、確定組織問題,分析發生原因

瞭解組織現狀的目的,是為了發現問題,並分析產生問題的原因,尋找解決問題的途徑。在日常生活中,醫生診斷疾病,首先要確定一個健康人的標準,其次再檢查病人那些部位不合既定的標準,分析造成這種毛病的原因是什麼?醫生的處方也是為了使病人恢復到健康人的水準。這裏就有現狀、標準和差距的概念,三者之

間的關係是：差距＝標準－現狀。根據這一公式，用組織的現狀同組織理論進行比較，同診斷人員根據企業任務所設想出的「標準組織」進行比較，從而確定企業組織在那些方面存在問題。找出存在問題後，就要分析產生問題的原因。在確定問題和分析原因時，可以按下列方面進行。

當組織的運轉發生問題或效率低下時，變革的設計單位或執行單位必須研究此間題存在的原因，是暫時、偶發的現象，還是經常持續的？從此分析中，變革設計單位應能分離出各種特定問題，並預估每一確定問題的方向與重要性，接觸每一個問題，衡量各問題相對重要的程度。

在確定問題的階段，高層經理人員不僅對正在變化的環境，例如技術與社會的發展，給予詳細的評估與瞭解，也應注意這種力量與發展對其產業的影響，此外還需注意到它對整個人類活動的影響。

對企業任務的分解過程和分解的結果進行邏輯分析，對企業任務分解的合理性做出判斷。如果企業任務的分解是不合理的，那麼，依此建立起來的組織機構也就不可能是合理的。如果企業任務的分解基本合理，那麼，就要研究企業的組織機構和職位是否與任務相適應，有無負荷過重或過輕的部門和職位。

根據企業任務，企業職位標準和企業診斷人員提出的標準，對企業內部所有現職經營者擔任現職工作的能力和發展前途進行分析判斷。看有無不勝任本職工作的經營者和其能力特點與本職工作不相適應的經營者。同時，也要考慮職位標準是否修改。經過上述分析後，企業組織存在的問題及產生的原因即可基本清楚。

步驟 4、設計一個經過改良的基本組織架構

到這裏，組織規劃的準備階段已告完成，下一步可以說是邁向核心——發展一套基本的組織結構，一面保留目前組織的優點，同時改進其缺點，以便促進組織的效能。該階段始於對理想的追求，一個理想的組織結構應該設計得非常合理，因此不但要考慮各種限制條件，同時尚須配合組織的特質，與內外環境的關係，以及傳統的趨勢。也就是說，將現有組織轉變為理想型態的一開始，可先不用考慮任何執行上的障礙，直至組織設計的末期，方才應對現實情況，而做出某種程度的妥協——將理想的組織轉變為可實際運行的組織。

從現在開始，該考慮的是組織所應發揮的各項功能。例如：高層管理者的主要功能是定義企業的經營理念，訂定營運目標、規劃、協調及領導。而財務及會計功能則包括了現金管理、授信政策的調整，應收帳款與應付帳款的管理，資產的控制，紅利及股息的管理，資本支出的評估及信息系統的管理等。

一旦界定出所有的功能，就必須對這些功能分別加以價值判斷，估計各項功能所應被強調的相對重要程度，以便於達成組織的基本目標。例如：若產品多樣化是目標之一，在改良的組織中應對此項功能特別強調，結果可能導致企劃部門中增設某一職位，甚或增加一位副總裁，以負責向董事會提出報告。

下一步驟是擬出數套可供選擇的組織架構。其間的差異包括組織層級數目的變更，功能性組織的職位調動以及集權程度的更改，

其目的在於彼此可互為評價的參考，亦可將之與現有組織結構作一比較。

在組織重組以前，公司應該設立那一種組織以達成其目標？那一種組織結構最適合企業的需要？那一種工作應該做？這些問題最好以研討理想方案解決。

理想方案在組織計劃中具有相當作用，因為該方案曾計劃及公司今後數年的工作，所以可作為一切組織變動的指標。研擬理想方案具有許多優點：

(1)可促使公司預期及社會團體的瓦解。

(2)可提供被影響人員參與和溝通的機會。

(3)因動向被計劃，所以可以使行政費用減至最低。

(4)可以使組織變動與有關行政活動的協調較為容易。

(5)是管理人員長期發展的有效計劃。

研擬理想方案也有困難，其中最大的困難就是不能準確預期未來的情況，也就是很難以客觀並且遠見的態度，檢討公司的長期目標和需要。這方面，擬定方案的人，在某些範圍內應該儘可能忽略現職位人員與組織才是。

理想的組織結構可以組織圖表表示並記錄，這些圖表可能只是一份草案，也可能是份很詳盡的文件，這可視環境而定，如果公司已決定變動並備有預算，自然就需詳盡，一般來說，公司愈接近實行階段理想方案就愈明確化。

步驟 5、完成設計

提出組織改進方案是組織診斷非常重要的一環。在進行新的組織方案設計時，綜合考慮各方面的因素對企業組織的要求，防止片面性，以提高組織的整體效能。組織變革的方式主要有以下三種。

⑴全新式：一舉打破原來的經營組織結構，完全拋棄舊的經營而建立全新的組織。這種方式風險大，會產生極大的震盪與阻力，代價非常高，一般很少採用。

⑵改良式：在原有組織的基礎上，做小的局部改動，以期逐漸改變、過渡為較完善的組織。這種方式風險小，但改革時間非常長，不能解決經營組織存在的根本性問題。

⑶計劃式：有計劃、有步驟地實現經營組織的根本性改變。具體來說，就是對企業經營組織存在的問題統籌考慮，在此基礎上制訂全面的改革方案。這種方式著眼於全局，步步為營，不急於求成，是比較理想的經營組織改革方案。診斷人員應儘量為企業提供這種類型的經營組織改革方案。

這一階段的目的在於覆查各項事前準備工作是否搭配和諧。若有必要，再作最後的調整。同時，應對擬實行的改良組織的基本精神作一判斷：這是否正是我們所企盼的結果？新組織的設計者在此時應擬出一項過渡時期的移轉計劃，目的在減少員工心理上的沮喪與挫折感。有時我們會認為必須完成一個甚至兩個臨時性的組織結構，因為在主要的變動來臨之前，臨時性的步驟常可減低員工的震驚程度，且保持移轉的自然。

如果在施行計劃前確實需要臨時性的組織，則連帶著就必須再設計臨時組織圖、臨時工作標準及臨時的工作說明書。此時應提防的是這些臨時的工具因失去控制而造成喧賓奪主的局面。

曾經見過類似的組織規劃研究，在它的結論中滿是各種臨時性組織的細節說明，那可真夠詳細也夠複雜的了，那位客戶看了半天，終於忍不住有禮貌地問及編制這些圖表所需的成本。這家管理顧問公司經過一番隱瞞不成後，終於透露出來，答案使這位客戶大為惶恐，因為單是這些臨時性的圖表，成本就將近 3000 美元！

步驟 6、提出組織改革方案

改善組織狀況是進行診斷的目的，因此，在企業組織問題分析的基礎上，提出組織改進方案是組織諮詢與診斷中非常重要的一環。企業組織是個多變數的系統，主要由環境、任務、技術、結構、人員等五個方面的因素決定。所以，在進行新的組織方案設計時，應以系統論的作指導，綜合考慮各方面的因素對企業組織的要求，防止片面性，以提高組織的整體效能。

組織變革的方式主要有以下三種。

⑴全新式：一舉打破原來的經營組織結構，完全拋棄舊的經營而建立全新的組織。這種方式風險大，會產生極大的震盪與阻力，代價非常高，一般很少採用。

⑵改良式：在原有組織的基礎上，做小的局部改動，以期逐漸改變、過渡為較完善的組織。這種方式風險小，但改革時間非常長，不能解決經營組織存在的根本性問題。

(3)計劃式：有計劃、有步驟地實現經營組織的根本性改變。具體來說，就是對企業經營組織存在的問題統籌考慮，在此基礎上制訂全面的改革方案。這種方式著眼於全局，步步為營，不急於求成，是比較理想的經營組織改革方案。診斷人員應儘量為企業提供這種類型的經營組織改革方案。

步驟 7、組織改革方案的實施階段

實施經營組織改進方案，經過三個階段：

1. 宣傳準備階段

這個階段要進行輿論宣傳工作，透過說服教育使企業組織中的人員認識到改進舊組織的必要性，使人們對舊組織中存在的問題形成一致的看法，以減少改進的阻力。在這個階段中，要廣泛發動群眾，培養群眾的參與意識。

2.組織改進階段

這一階段要根據既定方案，對原組織進行制度調整、人事調整和機構調整。但是這一階段面臨的問題最多，衝突最激烈，壓力也最大。因此，諮詢診斷人員要使企業管理者樹立三個觀念。

組織改革方案一經確定，就要堅定不移地推行下去，絕不能在阻力或困難面前動搖。

組織改革一定要有計劃、有步驟地進行，要謹慎、週密地制定各部份的工作計劃，以避免由於疏忽造成不必要的阻力。

由於企業所面臨的環境因素很難預測，改革方案也不可能是一成不變的，在具體實施過程中，要對改革中出現的偏差及時糾正，

對意外事件要靈活處理，這樣才能處於主動地位。

3.鞏固強化階段

由於原有的企業組織行為規範、價值觀念等都是在過去長時間形成的，不可能在一朝一夕之間得到根本改變。因此，在組織改革方案實施以後，還應該採取多種方式方法，不斷強化新的價值觀念、新的行為規範，使新的組織運行機制逐步穩定下來。否則，稍遇挫折仍會反覆，組織改革將前功盡棄。

在組織改革方案的實施過程中，最大的困難是如何克服各種抗拒組織改革的阻力。影響組織變革的阻力主要來自於個人和組織兩個方面。

在組織變革中，為減少阻力，通常採用以下措施：

①儘量讓有關人員參加變革計劃的制訂，使他們認識到變革方案與自己息息相關，以減少阻力。

②變革方案應力求得到最高領導層的全力支持，不因個別領導層人員的不同意見而影響有關人員，導致阻力加大。

③使參加變革者認識到受損是暫時的，受益則是長久的。

④變革取得的微小成績都要及時大力宣傳。

⑤組織變革的贊成者與反對者相互交換意見，充分瞭解反對者的正當理由，並適當加以處理。

⑥對組織成員進行系統的教育，以適應變革的要求。

步驟 8、一步到岸或是分期實施計劃

理想方案訂定之後，就應著眼現存組織與理想組織之間的間

際，這方面的變動可用分期實施計劃實現。這種中間組織步驟是為實現目標而設計，應該儘可能的快速與有效。

實施計劃應該充分考慮及現組織中的個人因素，也就是以人員為設計本位，現在的目標就是運用訓練、發展、升遷等方式，充分可能地使用人類資產。任何忽略充分利用已有人力的考慮都是短視之見。分期實施計劃可能暫時和主要計劃有些偏差。以適應有特別技術和地位的人員，但是這些偏差應該是暫時的，最後還應該導入理想組織方案之中。一般來說，實施計劃和人事變動結合最有效，當人員調職、升遷、退休，或停職時也就是組織變動的好時機。作為改組的通則，組織改變還應該儘可能不使關係人，在金錢或地位上遭受損失。

步驟 9、改革方案的實施建議

實施經營組織改進方案，一般要經過三個階段。

1. 準備階段

這個階段要進行輿論宣傳工作，透過說服教育使企業組織中的人員認識到改進舊組織的必要性，使人們對舊組織中存在的問題形成一致的看法，以減少改進的阻力。在這個階段中，要廣泛發動群眾，培養群眾的參與意識。

2. 組織改進階段

這一階段要根據既定方案，對原組織進行制度調整、人事調整和機構調整。但是這一階段面臨的問題最多，衝突最激烈，壓力也最大。因此，諮詢診斷人員要使企業管理者樹立三個觀念。

⑴堅定不移的觀念。組織改革方案一經確定，就要堅定不移地推行下去，絕不能在阻力或困難面前動搖。

⑵穩紮穩打的觀念。組織改革一定要有計劃、有步驟地進行，要謹慎、週密地制定各部份的工作計劃，以避免由於疏忽造成不必要的阻力。

⑶靈活應變的觀念。由於企業所面臨的環境因素很難預測，改革方案也不可能是一成不變的，在具體實施過程中，要對改革中出現的偏差及時糾正，對意外事件要靈活處理，這樣才能處於主動地位。

3.鞏固強化階段

由於原有的企業組織行為規範、價值觀念等都是在過去長時間形成的，不可能在一朝一夕之間得到根本改變。因此，在組織改革方案實施以後，還應該採取多種方式方法，不斷強化新的價值觀念、新的行為規範，使新的組織運行機制逐步穩定下來。否則，稍遇挫折仍會反覆，組織改革將前功盡棄。

在組織改革方案的實施過程中，最大的困難是如何克服各種抗拒組織改革的阻力。影響組織變革的阻力主要來自於個人和組織兩個方面。

⑴個人對經營組織變革的阻力，其產生的原因主要是：①在組織變革中，有些人的既得利益會受到損失；②在平靜的工作中，人們已養成了均衡的環境心理。

⑵組織本身對變革的阻力，主要是由於：①任何團體都有一定的規範，並對其成員的行為有比較強的約束力，這種約束力使團體保持基本一致的行動；②原有組織的權力機構、制度規定、辦事慣

例的影響不易消除；③組織變革會使原有的組織內人際關係解體而重新結合。

⑶在個人阻力和組織阻力發揮作用的情況下，變革取得成功的關鍵是採取適當措施，將這些阻力的作用壓縮在最小限度，以確保變革的順利進行。在組織變革中，為減少阻力，通常採用以下措施：

①儘量讓有關人員參加變革計劃的制訂，使他們認識到變革方案與自己息息相關，以減少阻力。

②變革方案應力求得到最高領導層的全力支持，不因個別領導層人員的不同意見而影響有關人員，導致阻力加大。

③使參加變革者認識到受損是暫時的，受益則是長久的。

④變革取得的微小成績都要及時大力宣傳。

⑤組織變革的贊成者與反對者相互交換意見，充分瞭解反對者的正當理由，並適當加以處理。

⑥對組織成員進行系統的教育，以適應變革的要求。

步驟 10、為改良組織物色員工

為改良組織物色員工，再來的階段，首先要估算組織中各單位所需員工的人數。決定的因素包括此單位在組織中的重要程度、工作性質。當然，成本亦為其考慮。第二步是為組織單位中各項職位擬定適用標準，這項標準的陳述應務求詳細，以期聘用最適合人選來達成個人在組織目標中的任務。這些標準包括：學歷、特殊經驗（年資也在內），性向（例如外向、細心等）及大約的年齡限制。

一旦擬妥適用標準，就可開始安置人員。盡可能在新組織的職

位上安插現有員工，同時員工的在職訓練也可視為安排新工作崗位的方法。但若組織規劃的目標之一是調整組織成本，則可能有許多員工將遭到裁員的命運。此時，必須特別注意的是：應與高級管理階層保持良好的溝通，因為不論是調差、裁員或是向外徵聘人才，都須經過他們的同意才行。

　　當上述工作完成後，最後的步驟就是編訂工作說明書。一份完整的工作說明書需要非常審慎的處理。它列述了所有職位所應達成的功能，茲舉例如下：

- 基本工作性質的詳細說明
- 該職位對上級負責的程序
- 該職位的權責所在
- 該職位與同僚（或側面）間的關係
- 衡量該職位工作績效的方法
- 基本任務功能的細節
- 該職位所需的特殊工作資格

　　工作說明書不但可作為人員調派的標準及薪金制度的基礎，也有助於評估現有組織結構進行。在高、中級單位中，每一職位均須有詳細的說明書，而在低層工作單位裏卻可用某項說明去涵蓋許多類似的職務。

步驟 11、克服變動阻礙

改變現狀是件相當困難的事，一項有效的重組計劃應該考慮及過程中二個階段，第一就是設計組織結構本身。第二就是更動與重新安置有關的人員。當這兩個階段能適當有效而一致的完成，再組織才能對企業產生許多好處，否則將會導致很多困難，其中最大的困難是來自組織變動所產生的抗力。

組織重組具有高度的破壞性，因為這種變更會使整個組織產生恐懼、不安、不滿，並會減低效率。使人員配置組織計劃，並激勵其發揮高度工作效能，是公司行政上所面臨最困難的問題，所以組織計劃人員應該注意到如何預期並克服變動的阻力，如何使人接受甚至歡迎此項變動。這方面參與、溝通和教育都是使變動容易的因素。

人員有機會參與組織變動的計劃，將會使他們心理上感覺到是由自己決定自己的命運，而非被強制，這樣可滿足其心理的自重感。再說當管理人員擬定改組計劃時，也需要聽聽他人的意見和觀念，才會使計劃完備。所以一個有技巧的計劃人員，常常主張員工和管理人員的最大參與，其目的就是在採取變動以前得到瞭解和接受。

組織變動不只是要通知公司內的人員，而且要通知與組織業務有關的人員、股東和社會大眾。在某些情況下，由於競爭或其他原因，可能對變動的細節予以省略，但是還應該對外宣佈說明，公司已進行一項研究以規劃其長期成長或促進效率等，至於宣傳方法可

利用各種會議或報章、說明書、刊物或公告欄等。

　　員工訓練教育是組織重組的重要核心工作，工作人員需接受各種新關係、新技術、新工作方法的訓練，並促進一般員工積極改變態度，提高工作效率。這種教育過程可以用訓練班或召集檢討會議等方式進行輔導。欲期其成功，各級主管人員就應該視教育為其本身工作活動的重要職責，造成對新組織、新職務指派的瞭解，教育工作同仁對新角色和新關係的充分認識，每一個主管都要以身作則，並領導屬員達成工作任務。

　　綜括上述各點，企業組織結構應隨時隨地配合業務的需要作適當修正，使公司能獲得健全組織人事後，一切發展才能奠定穩固基石，更望能突破一切阻力，發揚壯大，創造更大利益成果。

　　減少阻力的技術，教育與溝通：與員工們溝通，幫助他們瞭解變革的緣由；透過個別會談、備忘錄、小組討論或報告會等方法教育員工；這種策略適合在變革阻力來源於不良的溝通或誤解時使用；要求勞資雙方相互信任和相互信賴。

　　參與：吸收持反對意見者參與決策；假定參與者能以其專長為決策做出有益的貢獻；參與能降低阻力、取得支持，同時提高變革決策的品質。

　　促進與支持：提供一系列支援性措施，如員工心理諮詢和治療、新技能培訓以及短期的付薪休假等；需要時間，花費也較大。

　　談判：以某種有價值的東西來換取阻力的減少；在阻力來自少數有影響力的人物時是必要的措施；潛在的高成本，並可能面臨其他變革反對者的勒索。

　　操縱與合作：操縱是將努力轉換到施加影響上，如有意扭曲某

些事實，隱瞞具有破壞性的消息，製造不真實的謠言；合作是介於操縱和參與之間的一種形式；使用成本較低，也便於爭取反對者的支持；要是欺騙或利用的意圖被察覺，易適得其反。

　　強制：直接使用威脅或強制手段；取得支持的花費低，也較容易；可能是不合法的，即便是合法的強制也容易被看成是一種暴力。

心得欄 _

_ _

_ _

_ _

_ _

_ _

第 11 章

組織設計的職務權限

在企業經營管理中，職務、權限及責任與義務是密不可分的，它們構成了企業組織運營的主要框架。一個企業，當其職能設計和組織機構設計完成之後，接下來，就是設立那些職務，各職務應具備多大的權限，以及承擔那些責任與義務。職權設計的目的就是正確處理上下級關係並形成合理的職權結構。

職權設計規程包括職務規程和權限規程。現實中，往往合為「職務權限規程」。

一、職務權限規程說明

（一）職務規程的內容與制定

1. 內容

簡言之，職務規程就是以條文的形式，將組織單位中各級職位

的職務內容明確化。在現代企業組織制度中,以企業董事長為中心,可劃分為經營層、管理層和監督層等職務系列。由此區分出董事長、董事、總經理(或總裁)、副總經理、部長、科長、股長、主任以及分店長、廠長、助理、代理等職位。

不同的職位應承擔那些職務內容,不同職位的職務範圍界限何在,這些問題就是職務權限規程的主要內容。通過成文的條款或圖表,將各職位的職務內容予以規範的界定,這就是職務規程。由此可見,職務規程與職能設計規程非常類似。不同的是,後者確定的是不同組織單位的業務分工內容,前者確定的是不同職位的職務內容,它以職位的合理劃分為前提。

通過制度職務規程,可以使企業的經營管理者明確自己的工作目標,把握職務內容,進而約束其行為。同時,也可以使各級職位,特別是同系列職位和相關職位,瞭解他人的職務範圍,有利於分清責任,加強相互協作。

當然,職務規程與其他規程一樣,不可能也無必要將全部職務內容羅列出來,而僅規定重點職務的基本職務內容。在執行過程中,還需要當事人的準確判斷和靈活掌握。

2.形式

職務規程的表現形式,大體有三種。

⑴獨立規程。即職務規程作為一個獨立的規程出現。其特點是確定的職務內容較細,容量大,對企業各級職位的職務內容都能作出詳細規定。

⑵職務權限規程。即職務規程與權限規程合併為一個統一規程,這種形式較常見。其優點在於,使各級職位在瞭解職務內容的

同時，也能把握其權限內容。

⑶綜合組織規程。即將職務規程的內容放於綜合組織規程中，作為後者的組成部份。

如以下是某公司的綜合組織規程，其體系是：

第一章　　總則

第二章　　組織

第三章　　業務分擔

第四章　　基本職務

第五章　　責任、權限

其中第四章即為職務規程的內容。其優點是便於使用，能夠綜合把握。缺點是粗線條描述，難以作詳盡的具體說明。

3.要領

在制定職務規程時，需要注意下列問題。

⑴在不同的企業，因組織制度不同，職位設置也不盡相同，即使是名稱相同的職位，其職務內容也千差萬別。所以，必須依據企業的性質、經營目標、組織機構特點，來確定職務規程，絕不能盲目地模仿或照搬其他企業的職務規程。

⑵在制訂職務規程時，必須慎重選擇制定者。因為制定者本身大多身居某一職位，往往會不自覺地將個人價值判斷或情感反映在規程中。所以，應採取集體討論的形式，廣泛聽取意見。

⑶將職位、職務內容和個人能力結合起來，通盤考慮。將職位對應的職務內容作一番描述，由此形成的職務規程沒有任何價值。職務規程的制定，必須與人事考核相結合，必須建立在對目前和未來的職務內容進行調查和分析的基礎上。

⑷重點確定經營層職位的職務內容。由於管理層和監督層職位的職務內容比較具體直觀，易於確定（職務規程一般確定至管理層，作業層大多以工作手冊，就業規則等形式表現）。而經營層職位的職務內容存在虛化現象，既不明確，也難以界定。

⑸避免職務內容的相互矛盾。其中包括①同職位間職務內容的矛盾，如主要業務部門行銷科長與輔助部門業務科長的職務內容矛盾或相反。②上級職位與下級職位的職務內容相矛盾，如本來屬於部長的職務內容卻劃歸科長，結果會給企業業務運營製造障礙。

（二）權限規程的內容與制定

1. 內容

權限，比起實際內容，其概念更難於把握。出於不同的目的，立足於不同的價值判斷，人們給它下了各種各樣的定義，使人無所適從。究其實質，企業組織制度中的經營管理權限，無外乎是「各級職位在執行其職務時必要的權力範圍（界限），或權力能力。

就權限的具體內容講，可分為四類：

⑴財權。包括金錢出納、物品的購入、支付、投資、融資等相關的權限。

⑵人權。包括人員的聘用、配置、工資、賞罰、福利、就業條件、教育培訓相關的權限。

⑶物權。如建築物、設備、設施、機械設置、工具及製品規格、材料規格相關的權限。

⑷其他權限。即除上述三種權限以外的其他權限，如與經營方針和業務方針的制定、經營計劃的編制、組織的調整、各類規章制

度的制定相關的權限。

上述權限，又可進一步細分為決定權、提案權、建議權、協助權、確認權、協商權、報告權以及相應的接受權等多種。

就法律角度看，經營管理權限集中於企業法人代表。而在現實中，它又是依照一定的職位序列，由最高經營者（董事長或總經理）授予或委任給下級職位，再由下級職位委任於次下級職位，這種「授權不授責」的權限轉移，同是企業經營管理權限的重要內容。

權限規程，就是將各級職位與職務相對應的權力範圍、以及相關的權限讓渡規範化和條文化。其目的在於，明確各類職務的實際權限，分清責任與義務，使經營管理權限的授予或委任規範化和流程化，合理處理集權與分權的關係。

權限規程，由界定各級職位職務的權限，和規範上級職位間職務權限委任與接受，這兩部份內容組成。

2.要領

在制定權限規程時，需要注意下列問題：

⑴及早著手制定權限規程。權限的界定也有一個不斷完善的過程。但是，權限內容及其讓渡一旦確定下來。便會產生慣性或剛性，誰也不願將到手的權力拱手相讓，謙謙君子也如此。所以，必須在認真調查研究的基礎上，早日將權限規程確定下來，以免給企業經營管理帶來困難。陷入權限之爭的企業，是無法成長的。

⑵給權限以量化。大部份權限都是可以定量的，為了避免不必要的爭議，應儘量使權限有明確的數值或界限。

⑶重視對權限委讓或讓渡的規範。這是常被人忽視的問題。權限讓渡必須遵循「授權不授責」的原則，讓渡人只能授權，同時必

須對授權結果負責。並且，授權的對象是職位，而不應是屬於某一職位的人。授權一般應按物權→人權→財權的順序，逐步進行。

⑷強調權限規程的權威性。權限規程制定出來後，各級職位職務都必須嚴格遵守，任何人不得凌駕於規程之上。同時，有關部門（一般為總務部門）應加強對權限規程執行的管理。

（三）職權設計的主要工具

下面我們將職務規程和權限規程結合起來，介紹職權設計的主要工具，即職權規程的幾種主要表現方法。

1.組織結構圖

組織結構圖是用以表示企業組織的機構設置和職權關係的一種圖表。在形式上，組織結構圖分為三種。

⑴垂直圖。它從上到下排列出企業的組織機構和管理層次。這種圖簡單清楚、便於解釋，是人們最習慣使用的一種。

⑵橫式圖。這種圖的排列不是從上到下而是由左向右，實際是垂直圖的變形，符合人們從左向右閱讀文章的習慣。

⑶圓形圖。它把總經理置於圓心位置上，把垂直圖上不同層次的水準線畫成圍繞總經理的一系列同心圓，各部門及主管人員按照所處管理層次一一標誌在這些同心圓上。這種圖便於反映組織結構的動態關係。

在內容上，組織結構圖總的要求是力求簡明。根據需要，可以繪製總體結構圖和局部結構圖兩種圖表。前者用來反映整個企業的組織結構，是最簡要、最概括的圖表。後者可用來表示企業某個層次（常用的是高層組織以及分廠、工廠等基層組織），或某個管理子

系統（如生產管理系統）的結構，以便對總體結構做進一步說明。繪製組織結構圖的規則如表所示。

表 11-1　繪製組織結構圖的主要規則

1	組織圖應寫明企業名稱、製圖日期、製圖者職稱或製圖部門名稱等以標明該圖的性質。如僅為企業某個部份的組織圖，則應在標題上標明
2	用矩形框表示組織的一個單位或一個人員
3	矩形框的垂直排列位置表不組織等級中的相應地位。但由於受空間限制，直線單位通常畫在比參謀機構低一層的水準線上
4	任何畫在同一個水準線上的線框，應該大小相同，而且應該只包括相同等級的職位
5	用垂直和水準的實線表示直線權力的流向
6	如有需要，可用虛線表示職能權力的流向
7	表示職權關係的直線應從領導單位線框底部的中點開始，畫到被領導單位線框頂端中點為止，線段不穿越線框。助理人員例外，表示他們權力關係的直線可以用線框的邊側相連
8	將主管人員的職務名稱列線上框內。職務名稱應能顯示出他的職能。例如副總經理的職稱是不充分的，因為沒有顯示職能。儘管職能不一定是頭銜的組成部份，但是職能領域應包括在內。例如可用財務副總經理或副總經理（財務）這樣帶有說明性的職務名稱
9	除了人事變動過大、以致組織圖的修改工作過於繁重以外，組織圖上可標明各職務的現任者姓名
10	組織圖應盡可能簡單，如有需要，對所使用的專門標誌應有註解說明。當為組織的某個單位畫單獨的組織圖時，應該把對其負責的上級領導包括在內

2.職權系統表

職權系統表主要用於說明企業決策權，以及同決策事項有關的參謀機構的職權配置，是反映企業職權縱向結構即集權與分權狀況的一種圖表。

這種表採用二維結構形式。橫向按管理層次的順序列出擁有決策權的機構和主管人員，縱向按管理職能系統列出各種需要決策的問題。這樣，該表就能顯示出不同層次主管人員在各種決策問題上的不同職權。

職權系統表可根據需要，繪製詳細程度不同的兩種表格。一種是按企業繪製總表，另一種是按企業內部各組織單位（如分公司、分廠、管理子系統）繪製分表。

前者用於表示企業主要決策權的配置，比較概略，但可反映整個企業集權與分權的狀況。後者用於詳細表示各種決策權在每一個單位的配置，便於具體指導各部門的日常工作。

3.職務說明書

職務說明書是對企業中各種職務的職責與權限，以及任職者的資格條件做出系統而具體說明的人事文件。對職權設計來說，通過制定職務說明書，可將每一個管理職務為履行其職責所必須享有的各種職權一一明確列出。只有把職務說明書全部編制出來，企業的各項業務活動和各種職權才能落實到每一個管理人員身上，職權設計的任務才算最終完成。

職務說明書包括兩大部份內容。一是職務規範，用以系統表述對某一職務的各種規定；二是人員規範，用以系統說明任職者應該具備的資格條件。這兩部份可以分立，也可合併。職務說明書的項

目及詳盡程度，在實際工作中並沒有統一標準，要根據企業的需要和條件而定。

就職權設計而言，重點顯然應放在職務規範上，其基本內容應包括該職務的基本職能、職責與職權、工作關係等。應該指出的是，職務說明書的用途不僅限於職權設計，它在企業職工招收、培訓、考核、工資等諸多方面，還是提供依據的基本文件，因而有十分廣泛的用途。

4.職務權限表

職務權限表用來表示企業不同層次的管理部門和主管人員，在各項管理業務中所享有的不同類型的職權。同職權系統表相比，職務權限表是主要反映企業職權橫向結構的一種表格。其最大優點就是能夠把同一管理業務中各部門所擁有的決定權、建議權、提案權、協助權等等不同職權清楚地表示出來，對於進行部門職權分立與銜接的設計工作，是一種很實用的表格形式。

職務權限表也採用二維結構。橫向按管理層羅列出有直接協作關係的各個部門及主管人員，縱向按管理職能逐項列出具體業務工作。

二、集團企業的職務權限規程介紹

（一）總經理辦公室主任

1.基本任務

總經理辦公室主任在組織上是總經理直屬的助手。

2.職責與權限

總經理辦公室主任的職責與權限如表11-2所列。

表 11-2　辦公室主任

		職務事項	決定	協議	申報	備註
秘書類	1	總經理及董事總務事項處理			○	
	2	文書處理與保管。			○	
	3	董事日程計劃安排。			○	
	4	董事會會務。			○	
	5	捐贈款處理，相關協會事務。			○	
	6	企業宣傳企劃與實施。			○	
	7	公關部慶賀、慰問事務處理。			○	
	8	總經理特命事項處理			○	
綜合企劃類	1	制定年度經營方針			○	
	2	長短期經營計劃的編制與決定			○	
	3	各部門業務方針的審查與指導	○			
	4	綜合預算方案審查與決定			○	
	5	預決算比較分析及報告審查			○	
	6	全公司及各部門管理機構調整對策			○	
	7	事務處理制度及相關標準的審查決定。			○	
	8	經營分析，經營統計資料的提出。			○	
	9	公司內外調查統計與分析	○			
	10	經營困難對策的提出與決定		○		
	11	經營對策實施過程中的勸告與建議	○		○	
	12	調查統計結果的申報與建議。	○			
	13	公司業務改善建議與提案	○			
	14	辦公室業務方針的提出與決定			○	
	15	辦公室預算的編制	○			
業務監察類	1	對各部門的業務監察			○	
	2	各部門向總經理提交報告的分類整理	○			
	3	各部門內部業務監察報告的審批	○			
調整類	1	本公司及相關公司動態分析與調整	○			
	2	相關公司的業務調查與建議	○			

（二）管理部長

1.基本任務

　　管理部長是公司經營要素——人、財、物管理機構的責任者。他作為部門之長，負責與外部機構保持密切聯繫，為公司事業的不斷擴大、籌措資金、培育人才，實施科學的有效管理，促進公司業務的發展，提高公司事務管理水準，以保證公司訂貨、利潤、貨款回收目標的實現。

2.責任與權限

　　⑴管理部長對管理部所負責的責任事項及結果負責。但可以將部份責任及相應的權限委任於下屬。

　　⑵管理部長在總經理授權和指令下，負責本部業務計劃的執行、預算的執行；擁有對全公司及各部門預算執行、計劃實施及人事和資產的最終的和間接的統率權；並有向總經理報告部和全公司業務的義務。

　　⑶管理部長的職務事項、權限與責任見表 11-3 所列。

表 11-3　管理部長

職務事項			決定	協議	申報	備註
一般經營營運類	1	依據年度經營方針確定管理部業務方針和計劃方法			○	
	2	各營業所運營管理方針、計劃、方法確定			○	
	3	季、月部門及公司管理費預算案、審查、決定			○	
	4	年度、季、月管理費預算的決定			○	
	5	年度、季、月管理部管理費預算控制與管理	○			
	6	營業所年度、月、季管理費預算控制與管理	○			
	7	管理部運營方針、計劃、方法的組織實施與監督	○			
	8	經營分析、經營統計及管理				
	9	申報決裁，協議處理	○			
	10	各部門預算與實績比較，業務報表填制	○			
	11	營業所巡查、調查與指導（3 個月一次）	○			
	12	業務銀行融資，客戶拜訪。	○			
	13	與本部相關業務的監查與報告。			○	

		職務事項	決定	協議	申報	備註
總務文書物品供應類	1	重要契約、專利、訴訟事項的決定			○	
	2	公司印章、董事長印章保管、使用管理。	○			
	3	董事印章保管、使用管理	○			
	4	文書受理與處理	○			
	5	總經理、管理部的通知、通報處理	○			
	6	涉外、公關、慶典事務處理。	○			
	7	所長、副所長會議及其會議會務處理。	○			
	8	文件列印、謄寫、印刷	○			
	9	乘用車使用與保管管理	○			
	10	辦公用品、消耗品購入、配發與保管。	○			
	11	政府公報、書籍、報刊的購入與保管。	○			
	12	修繕管理及保險處理	○			
	13	電力、煤氣、供水、電話的使用管理。	○			
	14	辦公樓清掃管理。	○			
	15	與政府機構的事務處理。	○			
	16	節假日、慶典活動企劃與決定		○		
	17	固定資產保全管理。			○	
人事勞務類	1	確定人事計劃。			○	
	2	確定人員聘用計劃。			○	
	3	決定定期人員錄用方案。			○	
	4	決定臨時人員錄用方案。			○	
	5	決定臨時工、小時工聘用方案。	○			
	6	職工解聘審查與報告。	○			
	7	提供人事任免資料。	○			
	8	人事調配決定。			○	
	9	職工升降、獎懲、決定。			○	

	職務事項		決定	協議	申報	備註
人事勞務類	10	人事考核方案評價。			○	
	11	提供就業規則、工資制度資料	○			
	12	獎金支付方案的決定			○	
	13	職工工資增減決定			○	
	14	就業規則、工資制度的制定與修改。			○	
	15	職工撫恤金支付決定。			○	
	16	職工退休金支付決定。			○	
	17	有薪休假決定。	○			
	18	停職決定。			○	
	19	複職決定。			○	
	20	職工考勤管理及其他人事處理	○			
	21	社會保險事務處理。	○			
	22	工資及獎金核算及支付管理	○			
	23	公司內外風紀整頓。	○			
	24	職工教育訓練計劃的決定。	○			
	25	職工宿舍等福利設施的設置決定。			○	
	26	職工文體活動計劃的決定。			○	
	27	職工保險、衛生、安全事務處理。			○	
	28	對 24～26 項的綜合管理。	○			
預算類	1	預算編制、調控與管理。	○			
	2	預算修訂決定。			○	
	3	預決算比較分析和總結。	○			

續表

職務事項		決定	協議	申報	備註
股份類	1	股東大會的召集和召開決定。			○	
	2	新股票發行決定。			○	
	3	向股東和股東大會通報文件的內容決定。			○	
	4	與證券商及代理機構的聯繫與交涉。	○			
	5	股票市場調查。	○			
	6	對股東公告事務處理。	○			
	7	股東大會會務處理。	○			
	8	股票發行管理。	○			
	9	股票的保管與交付。	○			
財務出納類	1	資金籌措計劃的決定(含資金平衡表)。			○	
	2	與新的金融機構開始業務的決定。			○	
	3	對金融機構融資與返還的決定。			○	
	4	對各營業所、行銷員貨款回收的督導。	○			
	5	對各營所的支付及與行銷員的聯繫。	○			
	6	票據發行決定(已批准的支付)。	○			
	7	票據貼現決定。	○			
	8	經費支出審查與批復。		○	○	部長
	9	制定借款調配方案。	○			
	10	應收票據處理決定。	○			
	11	現金、支票、票據、存款的出納保管管理	○			
會計類	1	每日的業績報告審查	○			
	2	月財務決算內容審查。			○	
	3	財務報表、財務明細表的審定。			○	
	4	每月精算表審查。			○	
	5	稅務申報文件的審查。			○	
	6	調查統計資料審查。			○	
	7	資產再評價決定。			○	
	8	資產購入決定。			○	
	9	資產處置決定。			○	
	10	會計財務體系和核算方式修訂的決定。				
	11	各種票據、記賬、核算事務處理				

（三）業務部長

1. 基本任務

業務部和作為公司行銷機構的最高管理者，必須與加工廠家、營業所長和相關部門保持密切聯繫，最大限度地節約材料，合理使用經費，科學地預算，為實現公司的訂貨、利潤和回收目標作出最大的努力。

2. 責任與權限

⑴業務部長必須對本部門業務運營及其結果負完全責任。但可將其部份責任及與責任事項相適應的權限委任於下屬。

⑵業務部長在部經理授權和領導下，擁有實施△△業務部業務計劃、執行預算和內部人事相關的各種權限，同時負有向總經理報告本部業務的義務。

⑶業務部長的職務內容、責任與權限如表 11-4 所列。

表 11-4 （業務部長）

		職務事項	決定	協議	申報	備註
經營營運類	1	業務運營方針、計劃和方法的決定。			○	
	2	各營業所工程管理方針、計劃和方法的決定。			○	
	3	季、月業務部經費預算的決定。			○	
	4	各營業所工程、加工業務的指揮、控制和監督	○			
	5	業務部季、月經費預算的控制與管理。	○			
	6	業務部運營方針與計劃的確定。	○			
	7	對各營業所的巡查、調查與指導。			○	
	8	物料運用計劃的組織與實施。			○	
	9	業務統計與業務報告。	○			

續表

物料運用類	1	物料利用方針、計劃和方法的決定。			○	
	2	對營業所長的指示命令和指揮。	○			
	3	物料供應商調查。	○			
	4	物料交易條件決定。			○	
	5	物料訂貨決定。		○	○	管理部長
	6	機械設備的訂貨決定。		○	○	管理部長
	7	物料運用狀況審查與改善對策。	○			
	8	物料、機械設備處置決定。		○	○	管理部長
	9	物料契約的決定。		○	○	管理部長
工程管理類	1	工程計劃內容及工程預算審查。	○			
	2	工程預算決定。			○	
	3	工程方針、承包制度、支付方法的決定。	○			
	4	營業所長領導方法、業務技術指導。	○			
	5	工程收支狀況審查。	○			
	6	工程經費支出申請的審批。	○			
	7	工程經費支出額的決定。			○	
	8	工程現場巡查、指導(3個月一次)。			○	
	9	工程施工方式、技術提案的實施管理。	○			
	10	工程精算書審查及與預算的對比分析。	○			
	11	工程精算書的最終決定。	○			
	12	現場施工方法的指導。	○			
	13	降低工程成本的企劃,指導與實施管理。	○			
	14	承包商預付款決定。		○	○	管理部長
	15	特殊工程的訂貨與預算決定。			○	
	16	工務員配置調動計劃的決定。	○	○		責任董事

（四） 營業部長

1. 基本任務

營業部長是確保公司訂貨和獲取基礎情況的最高責任者，其任務是鞏固老客戶，開拓新客戶，搜集和整理市場訊息，策劃和實施廣告宣傳活動，保證對公司的訂貨量不斷擴大。

2. 責任與權限

⑴營業部長對本部業務運營及其後果負全部責任。但可以將部份責任及必要的權限委任於下屬。

⑵營業部長在經理授權和領導下，擁有營業部業務計劃組織實施、預算執行和人事管理的權限，同時有對公司總經理報告和說明業務狀況的義務。

⑶營業部長的職務責任事項、權限與責任要項如表 11-5 所列。

表 11-5　營業部長

職務事項			決定	協議	申報	備註
經營運營類	1	根據年度經營計劃，確定營業部業務運營方針與計劃。			○	
	2	營業部年度、季、月經費預算決定。			○	
	3	定貨資訊搜集安排與實施。			○	
	4	主要訂貨客戶的訪問和促銷。			○	
營業促進與營業管理類	1	對新客戶的 PR 宣傳與開拓。			○	
	2	依據客戶開拓計劃進行指導和監督。	○			
	3	訂貨活動的實施。	○			
	4	根據總經理授權，實施重點訂貨活動。	○			
	5	與同業者接洽、交涉和資訊交換活動管理。	○			
	6	請求總經理出面參與訂貨活動。	○			
	7	行銷員客戶訪問日程計劃管理。	○			
	8	就接受訂貨活動與相關部所長的聯繫溝通。	○			
	9	訂貨處理指導。	○			
	10	訪問日報的審查與指導。	○			
	11	訂貨資訊的收集。	○			
	12	營業管理表的制定。	○			
	13	營業計劃與實績的對比分析、審查與對策。	○			
	14	營業報告和營業統計管理。	○			
	15	物料供應合約內容的審查。	○			
	16	滯納貨款特別回收方針和計劃的確定。	○			
	17	物料利用的協調與管理。	○			
代理店特約店類	1	代理店、特約店交易制度的審查、企劃與實施。			○	
	2	代理店、特約店契約的簽訂。			○	
	3	對代理店、特約店業務活動的指導。	○			

三、豐田汽車公司的案例

豐田汽車工業公司也是組織規程很完備的企業之一。下面就是豐田公司組織規程的提要。

1. 組織管理規則

在總則中，除規定了規則的目的，各機構、單位的設置等以外，同時也說明著控制的界限，業務分掌、職務許可權、責任的保留、執行職務的方法等原則。此外，除了規定全部管理組織外，同時對於部門的管理職位也有明白的規定。再如對於組織改善的原則的研訂與起草，實施的手續有明文規定外，同時關於業務的營運，把基準計劃、執行、管制，加以詳細規定。

2. 業務分掌與業務構成表

分掌規程與普通略同，而其所訂業務構成的業務構成表，則與一般大不相同。這是以各單位的現狀調查的結果為根據而定下來的。有了這份表，其業務構成就非常清楚，便以此作為業務合理化的基礎。據說此表每年 5 月重新改訂一次。

3. 職務許可權規則

在總則內，所有目的，用語的定義，許可權行使的型態等基本事項都加以規定，其次則對於最高經營層的職務許可權（從略），以及各管理職的許可權事項，也加以規定。

企業經營的規模日見龐大，而且為了適切配合公司內外各種情勢起見，欲求公司的發展，必先求公司內各種業務的迅速確實處理。

因此，個人的工作分配必須力求明確，並針對職務予以應有的

許可權,而各上級主管人員,爲使工作的有效推行,同時應視工作的重要程度,以適宜的許可權轉授予部屬。

公司根據組織管理規則的規定,爲使各職位的職稱許可權能有明確的規定起見,特於　年　月　日制定「職務許可權規則」。

(1)部主任（工廠長除外）許可權事項

· 承總經理之命,遂行業務。

· 對於各項業務,應接受有關董事之指示或徵詢其意見。

· 依據公司方針及命令,於規定許可權範圍內,給予部屬之命令或指導,除加監督外並應負全責。

· 應與各有關單位儘量保持相互聯繫,以求公司活動順利推行,必要時並應對有關單位給予協助。

· 決定下列事項:

a. 部內之工作方針。

b. 有關所管業務之規則、方案、以及細則、手續、要領、規格與基準。

c. 部內之組織變更方案。

d. 部內之人員計劃方案。

e. 部內之人事考核。

f. 部內之（董事兼職者除外）人事調動。

g. 部內之安全事故防範對策。

h. 副主任、課長、副課長、股長、領班之當日回程出差。

i. 部內事故防範對策。

j. 部內人員宿夜出差。

k. 部內之經費預算。

⑥核准下列事項：

a. 副主任、課長、副課長、股長、領班之分年有給休假、特別
休假、請假之核准及遲到、早退、曠工。

b. 直屬各課之工作方針及實施計劃。

c. 直屬各課課員之課內活動。

(2)副主任許可權事項

· 凡屬部主任許可權事項，均得協助部主任辦理、部主任因故
不在職時，代理其職務。

· 對於受部主任授權之事項，研擬方案、決定、審議及核定。

(3)課長許可權事項

· 根據本部之工作方針，決定本課工作方針，報由部主任核定。

· 根據本課方針，決定有關業務之實施計劃，報由部主任核定。

· 對於本課課員及有關單位擬定與本課所管業務有關事項，加
以檢討。

· 關於所管業務實施計劃之推行，及對課員之指導監督。

· 與所管業務有關之各種規程之草擬、審議及維持。

· 控制本課組織，並提報改善方案。

· 對於本課人員計劃提供意見。

· 課員課內調動之決定、報由部主任的核備。

· 對於本課課員之人事考核提供意見。

· 課員（股長、領班除外）當日出差之決定，對於宿夜出差提
供意見。

· 課員（股長、領班除外）分年帶薪休假、特別休假、請假、
遲到、早退、曠工之管理。

- 課員加班之決定。
- 為使業務活動提高效率起見，訓練、教育課員。
- 編訂本課經費預算方案及修正方案。
- 接受股長、領班對於所擔任業務營運之報告及建議？
- 就所管業務對有關單位提供協助及建議，同時亦接受有關單位之協助與建議。

(4)副課長許可權事項

- 就屬於課長許可權事項，輔佐課長，課長因故不在職時代理課長職務。
- 對於課長授權事項、研擬方案、審議及作決定。

4.委員會規則

豐田汽車公司設有大約 35 種會議和委員會，並訂有下列會議、委員會的規則，所以會議目的、業務構成、任命、召集等，均予以明確規定。

組織管理規則範例

第一章　總則

（規則的目的）

第一條　本規則依本公司業務營運上必要的組織，以及組織管理上的基本事項，加以規定。

（組織機構）

第二條　本公司業務營運上的組織機構，規定於「組織圖」中。

（總公司、工廠等的設置）

第三條　本公司設置總公司、工廠、分公司、辦事處以及其他附屬。

（單位的設置）

第四條　於總公司、工廠、分公司以及其他附屬機構內，根據必要，設置部、室、課、股、組、班等單位。

（控制的限界）

第五條：

① 組織階層應盡可能減少設置。

② 上級單位所管理的部屬人數，愈屬上層者愈應有限度。

（分掌業務）

第六條：

① 各單位應維持所分配的分掌業務範圍，不得有重覆或脫節事情。

② 各單位所分掌之業務，必須加以具體表示，並盡可能以同一性質者為限。

③ 各單位所分掌之業務範圍，規定於「業務分掌規則」中。

（職務許可權）

第七條：

① 對於各職位應給予明確之職務與許可權。

② 許可權遵循指揮系統，逐級保留一部份，其餘授權於部課。

③ 各職位職務與許可權，明確定於「職務許可權規則」中。

（責任的保留）

第八條　根據前條經授與許可權者，如未能作適合正當之行使

時，授權者仍有監督責任。

（執行職務的方法）

第九條：

① 執行職務之方法，應盡量以規程規定之，根據此項規定執行
　 其職務。凡屬未經規程規定事項或屬於特殊性質事項，由直
　 屬高一級職位主管人員決定之。

② 遇有緊急情況不得已時，對根據第七條第③項規定，即無權
　 處理之事項，亦可作臨機應變之處置，事後應迅速補辦正規
　 手續。

（各種關係）

第十條　　各職位各負其職務許可權，採取發佈命令，提供建議
　　　　　或協助之措施，以維有效之各種關係。

（會議）

第十一條　遇有必要時，得設置委員會或會議。

第二章　全公司管理規則

（職務以外的董事）

第十二條　董事長、總經理、副總經理、董事會、秘書長及常
務董事，依據董事會所定基本方針，管理本公司之全部經營事宜。

（董事的特別任務）

第十三條　總經理得視需要，得以特別任務、交付董事辦理。

（企劃會議）

第十四條　依據董事會所定基本方針，爲協商整個經營業務執

行方針，以及計劃與重要業務之實施起見，設置企劃會議。

第三章　部門的管理職位

（擔任）

第十五條　爲求部門業務營運之順利與適合，得委請常務或其他於公司服務之董事擔任部門職務。

（廠長）

第十六條　各工廠設工廠長一名。

（分公司經理）

第十七條　分公司設分公司經理一名。

（辦事處主任）

第十八條　各辦事處各設辦事處主任一名。

（辦事處副主任）

第十九條　辦事處得設副主任、部主任。

（副主任）

第二十條　各部設主任一名，必要時亦得設副主任一名。

（襄理）

第二十一條　分公司及部內得設襄理若干名。

（室長、副室長、主任科員、科員）

第二十二條　各室設室長一名、科員若干名，必要時亦得設置副室長襄助室長工作。

（課長）

第二十三條　各課設課長一名。

（副課長）

第二十四條　課內得設副課長。

（股長、工長）

第二十五條　各股設股長一名，作業業務之股，設工長一名。

（組長）

第二十六條　各組設組長一名。

（班長）

第二十七條　各班設班長一名。

（附屬機構的管理職位）

第二十八條　附屬機構內設置下列管理職位。（從略）

第四章　組織改善及業務營運

（組織改善的原則）

第二十九條　本公司組織之改善，根據公司方針、配合公司內外各種條件逐步實施之。

（組織改善的擬定方案、實施）

第三十條：

①本公司組織機構於編制或變更時，主管組織管理單位應收集所有問題，加以檢討，再將組織改善方案，提出企劃會議研討。

②經企劃會議檢討後之組織改善方案，經總經理核准後實施。

（業務營運的基準）

第三十一條　本公司業務營運，經過方針之設定，計劃、實施、處置等各階段進行之。

（公司方針）

第三十二條　總經理設定公司方針，使全公司徹底週知。

（業務營運計劃）

第三十三條　工廠長、分公司經理、部主任、室長、辦事處主任與其他附屬機構首長等、關於其業務之營運，應遵照公司方針，著眼長期觀點，將計劃以年度別明白列出。

（業務執行）

第三十四條　工廠長、分公司經理、部主任、室長、辦事處主任及其它附屬機構首長等，應依據前條所定計劃執行其業務。

（業務管制）

第三十五條　總經理爲管制業務，於必要時，得命廠長、分公司經理、部主任，室長、辦事處主任與其他附屬機構首長等，提出報告，交付特定審查人員審查之。

附則

（實施日期）

第三十六條　本規則於　　年　　月　　日實施。

四、公司組織管理制度

一個組織有效地運轉起來，不僅組織結構要合理，而且還需要有一套完整而嚴密的運行規章制度。通常這些規章制度是由企業組織相關管理部門制定的，為了避免部門制定的制度之間存在不協調的地方，需要有一個統一的規定來約束，使制定出來的管理制度，能夠符合管理體制要求。

一、總則

第 1 條　定義

本規定旨在明確規定公司的組織機構、業務分工以及職務權限和責任（以下簡稱機構、分工及權限），以謀求公司業務有組織和有效率的運營。

本規定中的用語，分別定義如下：

1. 所謂組織機構系指在公司經理領導之下，分擔公司業務的組成部門。

2. 所謂業務分工系指各部門應該執行的基本任務。

3. 所謂權限系指為執行分擔的業務所必要的權力。所謂責任是指執行業務的義務，以及對行使或不行使權力的結果應負的責任。

4. 所謂管理者系指部長、工廠廠長及其副職。

5. 所謂監督者系指管理者以外的責任者。

第 2 條　執行業務的原則

公司的業務必須按照下面確定的原則執行。

1. 指令系統的統一。指示及命令全部按照已規定的系統，由上級發給下級。

2. 在分管的界限和進行分工時，必須明確地維持其界限，以使業務圓滿地進行。

3. 為謀求合作和業務的圓滿進行，必須與有關部門充分協商，努力做好協調工作。

4. 要明確以政策為中心的實施計劃，確認實施結果，並將實施計劃與結果一起迅速報告。

第 3 條　　行使權限的原則

權限須按下列原則行使：

1. 權限的行使者。

原則上必須由該負責人員親自行使權限。但是，在執行業務上認為有必要時，在取得直接上級管理者許可的情況下，可以把一部份權限委任給下級負責人和其他人員，或者令他們代行權限。並且管理者可以限制下級負責人的一部份權限或限定其行使期限。

2. 權限行使的基準。

在有其他預先規定了的一般性的、總括性的或具體的基準的情況下，權限的行使必須服從這一基準。

3. 權限的委任或代行。

在負責人由於事故或其他原因，不能行使其權限的情況下，原則上由直接上級負責人代行其權限。在負責人將其權限的全部或一部份委任給其他人或令其代行權限時，在這個權限範圍內，負責人不得親自行使其權限。

4.對於行使權限的干涉。

上級負責人不得干涉下級負責人行使權限。但不應該排斥上級負責人的指揮和監督。

5.負責人之間的協商。

當負責人之間相互協商不能達成協議時，按下列手續解決。

⑴當有主管權限者，則由其負責實施。

⑵當雙方都是同一個上級負責人的屬下時，由該上級負責人決定。

⑶雙方的上級負責人不相同時，由雙方的上級負責人之間協商決定。

6.執行單位和分工的執行是以科或營業所為單位時，由管理者統一負責。

二、董事和監事

第 4 條　公司總經理

根據董事會的決議，公司總經理代表公司，統一管理公司的全面工作。

第 5 條　專務董事，常務董事，常勤董事

專務董事、常務董事和常勤董事根據分工，統理委託的工作。當公司總經理不能履行職務時，由同等地位的先任職者依次代行其職責。

第 6 條　董事會

1.公司經理召集董事會，並擔任主席。

2.監事和顧問可出席董事會，並發表意見。

3.公司的工作方針和其他重要事項必須經董事會決議。

第 7 條　公司經理職務

下列事項須經董事會決議後，由公司經理執行。

1. 制定、變更、修改和廢除公司的章程、基本組織規定等重要的規則、規定。

2. 向股東大會提出的議案和報告的事項。

3. 發行股票的事項。

4. 公司的債務和重要的財產抵押的事項。

5. 重要的訴訟事項。

6. 委任諮詢人員或顧問的事項。

7. 部長以上人員的任免事宜。

8. 長期經營計劃等各種重要計劃的決定。

9. 其他的公司管理上的重要事項。

第 8 條　公司經理的權限

即便是應由董事會討論決定的事項，在需要緊急處理時，公司經理也可以相機地處理，並在事後向董事會報告，以求得董事的認可。

第 9 條　常設董事會

在董事會決定的經營方針的基礎上，常設董事會作為最高的經營協議機構，確定經營的具體執行方針和內部統一管理的方式，並輔佐經理工作。

常設董事會的管理事項，另行規定。

第 10 條　常任監事

從股東大會上選出的監事中，再選出常任監事。除由法令和公

司章程規定的一般職能外，遵從股東大會和董事會的方針，其具體
職能由公司經理決定。

第 11 條　諮詢員

董事會在必要時可從卸任董事或監事中選出諮詢員若干名。諮
詢員的任期為一年，可連選連任。

第 12 條　顧問

董事會在必要時可在有學識有經驗的人員中設立若干名顧
問。顧問的任期為一年。

三、工作人員和組織機構

第 13 條　身份

工作人員的身份分為公司職員和公司見習職員。

第 14 條　錄用

在特別規定的「從業人員錄用規定」的基礎上，錄用工作人員。

第 15 條　機構

在公司經理之下，作為執行業務的單位，設立室、部和工廠。
在企業中原則上設科。為進行特定地區的營業工作的管理，設立營
業所。

在室和科的業務運作中，為了便於實施監督，可設立股或駐各
地的辦事處。

第 16 條　職務等級

在室、部、工廠、營業所、科、股和辦事處中分設室長、部長、
工廠廠長、營業所長、科長、股長和辦事主任。

可以委任董事擔任以上管理職務，也可以委託顧問或特約人員

擔任管理職務或監督職務。

第 17 條　副職

根據需要可在室、部和工廠中設立副職。由其輔佐工作或令其代行一部份職務。

第 18 條　主任研究員

在研究室內，作為指導和促進調查及與試驗研究工作的責任者，設立主任研究員。

第 19 條　股長助手、班長

必要時，可設股長助手。在現場工作中設班長。

第 20 條　管理者代理和監督者代理

在管理者和監督者因故不能履職時，可設代理者。

第 21 條　參謀和特約人員

必要時，可在工作人員以外設立參謀和特約人員。委託他們擔任工作或請他們協助工作。參謀從退職的管理者中，特約人員則從有學識有經驗者中分別由公司經理任免或調動。

第 22 條　業務分工

原則上按執行業務的單位來確定業務分工。

第 23 條　管理室

在管理室中設下列執行業務的單位：

1. 秘書股。

2. 計劃股。

3. 總務股。

4. 會計股。

5. 事務股。

第 24 條　秘書股分擔的工作事項

秘書股分擔的工作事項如下：

1. 秘書工作。

⑴處理有關幹部會、董事會和常設董事會的事務。

⑵公司經理的印章和公司印章的使用管理。

⑶傳達公司下達的任務、通告以及工作命令。

⑷選舉對外團體的幹部以及與其幹部會有關的事項。

⑸關於幹部的特別任命事項。

⑹機密事項處理。

⑺關於幹部的總務事項。

2. 人事工作。

⑴起草綜合人事計劃和審定各科的定員。

⑵制訂綜合教育訓練計劃和幹部教育計劃。

⑶人事方面的書面請示。

⑷從業人員的錄用、任免、停職、複職、調動、任用。

⑸關於人事、工作和薪金的調查與計劃。

⑹人事考核事項。

⑺檢查從業人員工作紀律。

⑻調整工作人員之間的關係和對不滿意見的處理。

⑼與團體的聯絡與合作。

⑽雜誌的編輯與發行。

⑾職工慶賀與弔唁處理。

⑿職工薪資、各種津貼及提薪和獎金等的企劃。

⒀所得稅和地方稅稅務。

⑭身份證件和公司徽章的管理。

⑮職工通信錄的編發。

⑯法定的社會保險和團體生命保險事務。

⑰表彰制度和提案制度的管理。

第 25 條　計劃股分擔的工作事項

計劃股分擔的工作事項如下：

1. 計劃工作。

⑴起草長期經營計劃和與此相關的調查。

⑵起草與前項相關的各種計劃。

⑶制訂各種綜合政策草案(人員、銷售、資金、生產、材料、設備、採購、外部訂貨、研究和新產品等)。

⑷起草基本預算。

⑸進行經營分析、經營比較和對經營的各種統計資料的調查和研究。

⑹編制營業報告書、有價證券報告書和報表。

⑺會計監察和業務監察以及盤貨的實施。

⑻部長會議的管理。

⑼審查一般的書面申請書。

⑽客戶信用調查。

2. 事務管理。

⑴公司章程、基本組織規定等各種規定的制定、修改、廢除和起草。

⑵編制公司業務的各種記錄與報告。

⑶確定和調整事務組織。

⑷ 改善事務管理的調查與計劃。

⑸ 發佈試驗研究和試製與製造的命令。

⑹ 發佈固定資產的製作與改造的設計命令與製造命令。

第 26 條　總務股分擔的工作事項

總務股分擔的工作事項如下：

1. 股東和股東大會的事務處理。

2. 保管公司經理和公司的印鑑。

3. 辦理各種申請、訴訟、註冊、公告、登記等的法律手續。

4. 火災和損害保險等事務處理。

5. 辦理專利、實用新方案和發明的法律手續。

6. 頒發委任狀。

7. 保管各種契約合約。

8. 辦理學會與協會方面的一切手續。

9. 固定資產（機械設備除外）的獲得、借賃、修繕、處理和管理。

10. 通信、煤氣、電、上下水、暖氣的建設及其使用的管理。

11. 對旅費、交通費的審查和支付，上班證件的發放與管理。

12. 文件的收發和公司內部的郵政以及謄寫與打字。

13. 郵票、明信片和印花稅票的使用。

14. 接收、接待外來人員和見習人員，以及會客室和會議室管理。

15. 災害的防止和對消防設施的管理。

16. 消耗性辦公用品、消耗性物品和備用品的採購及使用。

17. 採購刊物和圖書。

18. 公司內部的清掃、警衛和管理。

19. 總公司的經費預算和管理室預算的管理。

20.管理轎車。

21.調查從業人員的勤務情況,維持工作紀律。

22.辦理工作人員的出差、外出和休假手續。

23.管理安全衛生委員會。

24.起草衛生福利有關的各種計劃和管理其設施。

25.供應飲食。

26.職工健康保健管理。

27.福利物品的管理。

28.其他涉外事項和總務事項。

第 27 條　會計股分擔的工作事項

會計股分擔的工作事項如下:

1.會計事務。

⑴預算的起草、管理和實績調查。

⑵每月的預算和銷售損益的計算。

⑶成本核算和銷售損益的計算。

⑷成本分析、成本比較和製作各種成本統計表。

⑸稅務。

⑹各種會計賬簿的登記、整理和保管。

⑺各種會計憑證、文件的製作、審查和保管。

⑻製作生產和銷售實績表。

2.資金方面。

⑴起草綜合資金計劃。

⑵現金、有價證券、保管物品的出納和管理及支付票。

⑶融資和銀行交易。

⑷對賒銷貨款、預付款和其他收入的申請和收款。

⑸賒銷款和未付款管理。

⑹辦理職工存款和借款。

⑺股票和公司的債務。

⑻辦理職工的特別扣除。

⑼審查支付委託票證。

第 28 條　事務股分擔的工作事項

事務股分擔的工作事項如下：

該股是常駐工廠的機構。

1. 人事工作。

⑴調查職工勤務情況，維持工作紀律。

⑵辦理工廠招聘和錄用職工的手續。

⑶管理工廠的提案委員會。

⑷協調職工之間的關係，對不滿意見進行處理。

⑸與團體的分支機構的聯絡與合作。

⑹法定社會保險事務。

⑺身份證件的發放。

⑻職工慶賀和弔唁事務。

2. 總務工作。

⑴保管與使用工廠廠長的印鑑和工廠的印章。

⑵管理與修繕固定資產（機械設備除外）。

⑶管理工廠的經費預算。

⑷通信、煤氣、電力、上下水、暖氣的建設及其使用管理。

⑸審查和支付旅費與交通費。

⑹辦理工作人員外出和休假手續。

⑺發放上班證件。

⑻管理工廠的安全衛生委員會。

⑼管理與經營宿舍和小賣部等福利設施。

⑽供應飲食及對其設施的管理。

⑾職工健康保險管理。

⑿福利物品的分發與管理。

⒀收發文件與公司內部郵政和打字。

⒁郵票、明信片和印花稅票的使用。

⒂接收、接待外來人員和見習人員,以及管理會客室和會議室。

⒃災害的防止和對消防設施的管理。

⒄消耗性辦公用品、消耗性物品和備用品的採購以及使用的管理。

⒅採購刊物和圖書。

⒆企業內部的清掃、警衛和管束。

⒇管理轎車。

㉑學會與協會。

㉒對各政府機關申請。

㉓管理工廠和公司職員的住宅及宿舍。

㉔不屬於其他科的一般總務事項。

3.會計事務方面。

⑴工廠的製造成本的計算及製造成本的比較。

⑵估計製造成本的推算。

⑶現金的出納與保管。

⑷辦理工作人員的存款。

⑸審查支付委託證。

⑹管理倉庫的底賬。

第 29 條　研究調查

在研究室內設立以下執行業務的單位：

1. 調查科。

2. 研究科。

第 30 條　調查科分擔的工作事項

調查科分擔的工作事項如下：

1. 對技術的統一管理。

⑴統一管理全公司的技術和技術資料的分發。

⑵起草綜合研究計劃。

⑶制訂產品的設計規格和標準工序說明書。

⑷起草設計標準和零件規格，實施標準化管理。

⑸管理技術會議、產品會議和設計部會議。

⑹審查技術資料。

⑺調查外包工廠的技術，並予以技術指導。

⑻雜誌的編輯和發行工作。

⑼產品總裝配圖的製作、校對和標準化。

2. 技術資料與圖書的管理。

⑴各種技術資料的搜集和整理。

⑵管理技術圖書和提出採購要求。

⑶統一管理產品的設計圖。

⑷管理各種研究報告。

3.設計方面。

⑴根據設計命令，起草設計計劃，確保設計進度。

⑵根據設計命令，頒發和管理產品的製造工序說明書。

⑶頒發和管理修理品改造的製造工序說明書。

⑷編寫特殊產品的使用說明書的初稿。

4.一般事務。

⑴編制研究室的預算和管理研究室的一般預算。

⑵管理試驗研究設施和提出其採購要求。

⑶申請專利和實用新方案。

⑷其他總務事項。

第 31 條　研究科分擔的工作事項

研究科分擔的工作事項如下：

試驗研究方面。

⑴新產品和研製品的基礎研究。

⑵新產品和研製品的試製設計和製作。

⑶產品的基本設計。

⑷產品的基礎調查和性能改善研究。

⑸對專利、實用新方案和發明的調查研究。

⑹產品的基礎研究。

第 32 條　營業部

在營業部設立如下執行業務的單位：

1. 開發科。

2. 第一銷售科。

3. 第二銷售科。

4.業務科。

5.營業所。

6.駐外辦事處。

第 33 條　開發科分擔的工作事項

開發科分擔的工作事項如下：

1.技術方面的業務。

⑴起草經營新產品和改良產品的計劃。

⑵開拓新產品的銷路。

⑶管理產品會議。

⑷開發產品的用途。

⑸編制預測資料。

⑹起草商品目錄。

⑺發行產品的使用說明書。

⑻技術宣傳資料的發行。

⑼決定特定產品的製造工序說明書。

⑽根據前項，進行製圖、提出採購要求、檢查、驗收、保管和發貨。

⑾對接受本公司特定產品的加工訂貨工廠進行技術指導和監督。

⑿已批准的圖紙的製作。

2.服務方面的業務。

⑴起草和實施巡廻服務和定期檢修計劃。

⑵實施外出檢修。

⑶代理店、客戶和營業部內的技術指導與援助。

⑷編寫和提交產品事故報告。

⑸調查產品的使用情況。

⑹管理展覽品和講習會用品。

⑺指導客戶的計量管理。

第 34 條　第一銷售科分擔的工作事項

第一銷售科分擔的工作事項如下；

1. 制訂產品銷售計劃。

2. 確定銷售和修理的契約條件及簽訂契約。

3. 積極地實施銷售的開拓工作。

4. 出借和交換產品。

5. 回收賒銷貨款。

第 35 條　第二銷售科分擔的工作事項

第二銷售科分擔的工作事項如下：

1. 在產品、產品的銷售方面，第二銷售科適用於開發科、第一銷售科和業務科的業務分擔。

2. 管理鍋爐房、冷暖氣設備。

第 36 條　業務科分擔的工作事項

業務科分擔的工作事項如下：

計劃方面的業務。

⑴管理營業部的預算。

⑵決定銷售的標準價格。

⑶計算預測成本和製作預測書。

⑷廣告宣傳，編輯與發行報紙。

⑸市場調查。

⑹商品目錄的發行。

⑺制訂綜合銷售統計。

⑻銷售統計。

⑼起草標準生產計劃(季，月)。

⑽生產計劃和交貨期的調整。

⑾發佈產品製造命令書。

⑿制訂每月的售貨款和貨款回收計劃與實績調查。

⒀售貨和發貨手續。

⒁售貨款和賒銷貨款的回收以及預收款手續。

⒂選擇確定代理店和特約店以及簽訂代理(特約)合約和給予技術指導。

⒃與政府機關、團體及學者的合作。

⒄辦理委託研究所鑑定和試驗的手續。

⒅頒發修理命令書。

⒆管理和辦理產品的出借、代用品的交換與物品報廢的手續。

⒇管理和辦理寄存物品和修理後的庫存品的手續。

(21)與各辦事處聯絡的一切事務。

(22)管理和運營電傳。

第 37 條　營業所分擔的工作事項

營業所分擔的工作事項如下：

1. 與第一銷售科、第二銷售科和開發科在服務方面的業務分工類同。

2. 發放支票。

3. 保管和加蓋營業所的印章和所長印鑑。

第 38 條　辦事處分擔的工作事項

辦事處分擔的工作事項如下：

與第一銷售科、第二銷售科和開發科在服務方面的業務分工類同。

第 39 條　工廠

在工廠設立以下執行業務的單位：

1. 採購科。

2. 生產科。

第 40 條　採購科分擔的工作事項

採購科設第一股和第二股。他們分擔的業務事項如下：

1. 第一股。

⑴起草季和每月的加工材料的採購計劃。

⑵管理材料預算。

⑶採購加工材料。

⑷確定供應商、價格和支付條件。

⑸確保加工材料的交貨日期。

⑹決定有償支付的品種、數量、貨款和回收條件。

⑺不良材料的處理和貨款回收。

⑻對協作工廠的能力調查、信用調查及監督。

⑼所需材料的市場調查。

⑽審查要求採購的清單。

⑾辦理採購用的貨款支付手續和辦理有償支付物品的貨款回收手續。

⑿辦理預付款和出借款的支付手續及其回收。

2.第二股。

⑴起草加工材料以外物品的季和每月的採購計劃。

⑵管理加工材料以外的物資預算。

⑶採購加工材料以外的物品和設備及機械器具。

⑷確定加工材料以外的物品的供應商、價格和支付條件。

⑸確保加工材料以外的物品的交貨日期。

⑹決定加工材料以外的有償支付的品種、數量、貨款和回收條件。

⑺對協作工廠的能力調查和信用調查及監督。

⑻加工材料以外的所需物資的市場調查。

⑼審查要求採購的加工材料以外的物資清單。

⑽和協作團體的合作。

第 41 條　生產科分擔的工作事項

生產科設立工務股、特殊計量器股和修理股。它們分擔的工作事項如下：

1. 工務股。

⑴生產和工作計劃方面的業務。

‧ 起草特殊計量器的季和每月的生產計劃。

‧ 根據製造命令書和修理改造計劃，辦理委託設計的手續。

‧ 發佈零件的製造指令。

‧ 根據生產計劃，發放材料的統一管理表及出庫要求。

‧ 根據每月的生產計劃，頒發裝配工程表，並確保工程的進行。

‧ 已完成的零件和產品的入庫及其管理。

‧ 生產能力的調查和標準工時數的審定。

- 按照設備計劃，起草各種生產設備的採購計劃。
- 起草各種生產設備的使用計劃（包括安裝計劃和檢修計劃）。
- 管理工廠和預算。
- 製作標準成本資料。
- 小型產品的管理。

(2) 物資方面的工作。

- 根據生產計劃，起草季和每月的物資計劃和外部訂貨計劃。
- 成品及半成品零件或材料的管理和起草儲備計劃。
- 按照物資計劃和訂貨計劃，提出採購要求。
- 接收物資和訂貨加工件的交貨及其檢查手續。
- 管理不需要的物資和次品（不合格品、加工中出現的次品、材料不合格的物品）。
- 機械、裝置、工具類的管理。
- 管理零件和成品的抵押及發送。

(3) 修理方面的工作。

- 接收到貨物品，核算運費。
- 起草修理工作的計劃並確保進度。
- 計算修理費用的估計成本，並製作預算表。
- 起草修理用的零件的儲備計劃及其管理。
- 提出採購修理用的零件的要求。
- 管理成品工序卡。
- 製作修理品的統計表。
- 供應發送零件的包裝物及發貨。
- 制定標準的修理操作及工時的管理。

- 辦理修理品的發貨手續及發貨。

(4)檢查方面的工作。

- 物資和外訂加工件的接收檢查，以及公司內的工程檢查和報告。

- 修理品的性能檢查和簽發檢驗結果表。

- 制訂次品(不合格品、材料不合格的物品、加工中出現的次品)的對策及其指導。

- 檢查接受訂貨的工廠的工程及對其技術指導。

- 機械、裝置、工具和器具的驗收和定期檢查。

- 制訂檢查的標準(或者規格)。

- 起草檢查設備計劃及其管理。

2.特殊計量股。

(1)發出特殊計量器和零件的製造命令。根據每月的生產計劃，加工和生產零件與成品。

(2)分解、檢查要修理的零件和特殊計量器。

(3)修理零件和特殊計量器，並設計改造方法。

(4)工廠電力設備的維修。

3.修理作業股。

(1)分解、檢查要修理的成品。

(2)修理和改造方法的設計。

(3)修理用的零件和工具的機械加工。

(4)修理用的零件和工具類的裝配、調整和改造工作。

(5)機械器具的維修。

4. 工廠。

第 42 條　工廠設立下列執行業務的單位：

⑴計劃科。

⑵技術科。

⑶檢查科。

⑷工作科。

⑸裝配科。

第 43 條　計劃科分擔的工作事項

在計劃科內設立工程股和材料股，他們分擔的工作如下：

1. 工程股。

⑴起草綜合生產計劃。

⑵下達製造零件的命令書和設計產品的命令書。

⑶根據製造命令和基準生產計劃，制訂生產計劃。

⑷下發產品製造工序說明書。

⑸根據生產計劃，下發材料統一管理表。

⑹制訂零件和裝配工程表。

⑺起草生產工作、裝配試驗工作和發貨工作的進度計劃，並確保進度的實現。

⑻辦理加工品和材料次品的退回手續。

⑼提出所需材料和外加工物品的出庫要求。

⑽管理公司內的半成品。

⑾加工完的零件和成品的入庫。

⑿生產能力的調查及標準操作時間的審定。

⒀生產工具的進度控制。

⒁保管和管理生產圖紙及工程圖紙。

⒂辦理夾具鑽孔的加工附件的各種生產手續。

⒃管理工廠的預算管理。

⒄提出設備和機械器具的採購要求。

⒅產品抵押。

2. 材料股。

⑴起草綜合材料計劃和訂貨計劃。

⑵辦理材料和外加工件的交貨接收與檢查手續。

⑶提出材料和外加工件的採購要求。

⑷確保特定外加工件的交貨日期和半成品的管理。

⑸儲備材料的保管、入庫和出庫。

⑹辦理計劃零件和常備零件的品種及數量的手續。

⑺確保常備數量。

⑻提出廢料利用和出售的要求。

⑼產品的保管和出庫、入庫。

⑽管理產品的塗飾、包裝和發貨。

⑾有關運輸的業務。

第 44 條　技術科分擔的工作事項

在技術科內設立設計股和生產技術股。他們分擔的工作事項如下：

1. 設計股。

⑴根據設計命令，進行產品的設計和制訂加工工序說明書。

⑵下發標準加工工序說明書。

⑶指導新產品和改良產品的加工和對性能的確認。

⑷零件的規格化和標準化。

⑸發放和回收加工圖紙。

⑹管理和促進設計進度。

⑺管理技術文獻和圖書。

2.生產技術股。

⑴起草生產設備的採購辦法。

⑵設計機械設備。

⑶機械設備的高效率化及其改造的設計。

⑷管理機械設備。

⑸登記和保管機械設備的底賬。

⑹工具室的經營管理。

⑺起草加工方式和進度安排以及繪製工程圖。

⑻計算齒輪的切齒和製作刻度表。

⑼改善工作方法的調查研究。

⑽管理工廠的電力和電力設備，以及起草管理計劃。

⑾起草塗飾和包裝的標準。

⑿對接受訂貨的工廠的技術指導。

第45條　檢查科分擔的工作事項

在檢查科內設立零件檢查股和產品檢查股，他們的業務分工如下：

1.零件檢查股。

⑴接收和檢查材料及外加工件。

⑵驗收機械裝置、工夾具和器具。

⑶工程檢查。

⑷檢查水壓和氣壓。

⑸制訂零件檢查標準。

⑹制訂不合格零件和加工次品對策。

⑺發放檢查報告和判定檢查等級。

⑻起草零件的檢查設備的計劃，並進行管理。

2. 產品檢查股。

⑴檢查產品。

⑵計量檢定所的檢定手續。

⑶發放試驗結果表。

⑷制訂產品檢查標準。

⑸制訂不合格品的對策。

⑹起草產品檢查設施計劃。

⑺管理鍋爐房和採暖設備。

⑻管理試驗液和液體燃料，以及對危險物品的嚴格管理。

第 46 條　工程科分擔的工作事項

工程科分擔的工作事項如下：

1. 根據生產計劃和進度計劃，試製指定的產品和加工生產試驗品。

2. 工夾具類的加工和裝配工作。

3. 切削工具的集中研磨。

4. 指導對檢查不合格的成品的改善。

5. 機械裝置的修理和維護保養。

6. 機械式計數部件的試製和零件的加工工作。

第 47 條　裝配科分擔的工作事項

裝配科分擔的工作事項如下：

1. 按照生產計劃和進度計劃，進行指定產品、試製品和試驗品的最後加工和裝配工作。

2. 機械式計數零件的試製和裝配工作。

3. 指導對檢查不合格的成品的改善。

4. 機械裝置的維護保養。

5. 裝配工作的標準化和高效率化。

6. 對安全操作的指導。

四、權限和責任

第 48 條　高層管理者

高層管理者在執行業務時，協助公司經理並服從其指揮，在共同管理公司的業務中，就所管業務的一切方面向公司經理負責。

第 49 條　管理人員

管理人員接受公司經理或高層管理者的命令，按照特別規定的統一管理權限的規定，在共同策劃所管部門的業務經營時，對下列事項負直接責任。

1. 根據公司的方針，決定所管部門的業務經營方針，並進行統一管理。

2. 對所管部門內各科工作的調查。

3. 與管理人員協作，起草公司的經營方針。

4. 起草所管部門的預算和實施預算。

5. 參加部長會議。

6. 按照公司的教育計劃，決定本部的教育和訓練方針。

7. 呈報人事監督意見。

第 50 條　科長

科長接受管理人員的命令，按照統一管理權限的規定，對下列事項負直接責任。

1. 根據部門的業務經營方針，執行所分擔的業務。

2. 傳達政府機關的通告、公司的通知和其他指示。

3. 與其他科協作，起草部門的經營方針。

4. 實施科內的教育和培訓。

5. 改善作業或工作方法，並確定其標準。

6. 指導和監督下屬。

7. 呈報科內的人事建議。

第 51 條　股長

股長接受所屬上司的命令，按照統一管理權限的規定，對下列事項負直接責任。

1. 執行業務和對勤務的監督與指導。

2. 決定業務和事務處理的要領。

3. 在工作分析的基礎上，提高業務效率。

4. 實施對職工的教育和培訓。

第 52 條　班長

班長接受股長的指揮，擁有下列的職務權限。

1. 使班內人員徹底理解業務上的指示。

2. 監督和指導工作。

3. 呈報本班職工的人事建議。

第 53 條　主任研究員

主任研究員負責指導研究室主任安排的調查研究工作。

五、會議與委員會

第 54 條　會議與委員會

按照組織制度，召開下列會議，成立下列委員會。

1. 常設董事會。

⑴內容：基本方針和基本政策事項。

⑵主席：公司經理。

⑶幹事：管理室長。

⑷成員：全體常務董事。

⑸次數：每月兩次。

2. 部長會議。

⑴內容：基本方針和基本政策的傳達，各部門的聯絡和調整，幹部會議的提案事項的事先審查，公司經理和常務董事的諮詢等。

⑵主席：管理室長。

⑶成員：全體室長，全體部長和副部長、全體工廠廠長。

⑷次數：每月兩次。

3. 產品會議。

⑴內容：新產品和改良產品製品化方針，實施對策，各部的具體工作方針。

⑵主席：管理室長。

⑶幹事：營業部長。

⑷成員：管理室長、研究室長、工廠廠長和副廠長、營業部長、業務科長、營業所長、調查部長、相關的主任研究員。

⑸次數：每月一次。

4.預算會議。

⑴內容：基本預算的討論，執行預算的討論，對預算執行的分析和預算管理。

⑵主席：管理室長。

⑶幹事：管理室的主管部長。

⑷成員：全體室長，全體副部長，全體工廠廠長。

⑸次數：每月兩次。

5.產品設計會議。

⑴內容：根據產品會議的委託，進行關於設計問題和產品性能的討論及改進。

⑵主席：研究室長。

⑶幹事：調查科長。

⑷成員：研究室長、調查科長、營業部長、技術股長、生產科長、技術科長、設計股長、工廠副廠長、相關的主任研究員。

⑸次數：每月一次。

6.技術會議。

⑴內容：技術上的基本問題和產品設計會議以外的各種技術問題的討論與裁決。

⑵主席：研究室長。

⑶幹事：調查科長。

⑷成員：研究室長、調查科長、營業部長、生產科長、技術科長、設計股長、技術股長、工廠副廠長、相關的主任研究員。

⑸次數：每月一次。

7. 季生產會議。

⑴內容：討論和決定季生產計劃。

⑵主席：管理室長。

⑶幹事：計劃股長。

⑷成員：管理室長、工廠廠長、營業部長、業務科長、工務科長、生產科長、計劃股長。

⑸次數：每季一次。

8. 月生產會議。

⑴內容：討論和決定每月的生產計劃。

⑵主席：工廠廠長。

⑶幹事：業務科長。

⑷成員：管理室長、工廠廠長、業務科長、生產科長、第一和第二採購股長。

⑸次數：每月一次。

9. 報紙編輯委員會會議。

⑴內容：關於報紙的編輯事項。

⑵委員長：營業部長。

⑶幹事：技術股長。

⑷成員：營業部內若干人。

⑸次數：每月一次。

10. 表彰委員會會議。

⑴內容：關於表彰事項。

⑵委員長：管理室長。

⑶成員：管理室長、工廠廠長、營業部長。

⑷次數：每月一次。

11.公司、工廠提案委員會會議。

⑴內容：討論公司提案制度的事項。

⑵委員長：工廠廠長。

⑶幹事：秘書股長。

⑷成員：若干名。

⑸次數：每月一次。

12.公司及工廠安全衛生委員會會議。

⑴內容：討論公司安全衛生事宜。

⑵委員長：工廠廠長。

⑶幹事：總務股長。

⑷成員：若干名。

⑸次數：每月一次。

13.公司及工廠建設委員會會議。

⑴內容：按照建設委員會的規章執行。

⑵委員長：管理室長。

⑶幹事：工廠廠長。

⑷成員：全體部長和科長。

⑸次數：每月一次。

14.公司及工廠消防隊會議。

⑴內容：消防訓練和消防活動。

⑵隊長：工廠廠長。

⑶幹事：生產科長。

⑷成員：若干名。

⑸次數：隨意。

15.工廠提案委員會。

⑴內容：關於運用提案制度的事項。

⑵委員長：工廠廠長。

⑶幹事：事務股長。

⑷成員：若干名。

⑸次數：每月一次。

16.工廠安全衛生委員會。

⑴內容：有關安全衛生事項。

⑵委員長：工廠廠長。

⑶幹事：事務股長。

⑷成員：若干名。

⑸次數：每月一次。

17.工廠建設委員會。

⑴內容：由本委員會有關規定決定。

⑵委員長：工廠廠長。

⑶幹事：副廠長。

⑷成員：部、科長。

⑸次數：每月一次。

18.經營懇談會。

⑴內容：由本會議有關規程決定。

⑵主席：總經理。

⑶幹事：管理室主任。

⑷成員：各部部長。

⑸次數：每月一次。

19.福利協議會。

⑴內容：審議福利提案。

⑵主席：管理室長。

⑶成員：若干名。

⑷次數：每月一次。

20.工作協議會。

⑴內容：研討與提交有關工作協議案。

⑵主席：管理室長。

⑶成員：若干名。

⑷次數：每月一次。

21.薪資協議會。

⑴內容：研討並提交與工作報酬有關的協議案。

⑵主席：管理室長。

⑶成員：若干名。

⑷次數：每月一次。

第 55 條　其他會議

會議的主席、委員長、幹事及成員均由總經理任命。

第 56 條　運作

會議和委員會依照本公司的有關規程運作。

六、附則

第 57 條　規程釋義

當對本規定有關條款產生疑義時，經總經理批准，由管理室長

裁決。

第 58 條　修訂

本規定的修訂草案由管理室長提出，由總經理批准實施。

心得欄

企業的核心競爭力，就在這里！

圖書出版目錄

憲業企管顧問（集團）公司為企業界提供診斷、輔導、培訓等專項工作。下列圖書是由臺灣的憲業企管顧問（集團）公司所出版，自 1993 年秉持專業立場，特別注重實務應用，50 餘位顧問師為企業界提供最專業的經營管理類圖書。

選購企管書，敬請認明品牌：**憲業企管公司**。

1. 傳播書香社會，直接向本出版社購買，一律 9 折優惠，郵遞費用由本公司負擔。服務電話(02) 27622241　(03) 9310960　　傳真(03) 9310961

2. 付款方式：請將書款轉帳到我公司下列的銀行帳戶。

　· 銀行名稱：合作金庫銀行（敦南分行）　帳號：**5034-717-347447**

　　公司名稱：憲業企管顧問有限公司

　· 郵局劃撥號碼：**18410591**　郵局劃撥戶名：憲業企管顧問公司

3. 圖書出版資料每週隨時更新，請見網站 www.bookstore99.com

～～～～經營顧問叢書～～～～

152	向西點軍校學管理	360 元	235	求職面試一定成功	360 元
154	領導你的成功團隊	360 元	236	客戶管理操作實務〈增訂二版〉	360 元
163	只為成功找方法，不為失敗找藉口	360 元	237	總經理如何領導成功團隊	360 元
			238	總經理如何熟悉財務控制	360 元
167	網路商店管理手冊	360 元	239	總經理如何靈活調動資金	360 元
168	生氣不如爭氣	360 元	240	有趣的生活經濟學	360 元
170	模仿就能成功	350 元	241	業務員經營轄區市場（增訂二版）	360 元
176	每天進步一點點	350 元			
181	速度是贏利關鍵	360 元	242	搜索引擎行銷	360 元
183	如何識別人才	360 元	243	如何推動利潤中心制度（增訂二版）	360 元
184	找方法解決問題	360 元			
185	不景氣時期，如何降低成本	360 元	244	經營智慧	360 元
186	營業管理疑難雜症與對策	360 元	245	企業危機應對實戰技巧	360 元
187	廠商掌握零售賣場的竅門	360 元	246	行銷總監工作指引	360 元
188	推銷之神傳世技巧	360 元	247	行銷總監實戰案例	360 元
189	企業經營案例解析	360 元	248	企業戰略執行手冊	360 元
191	豐田汽車管理模式	360 元	249	大客戶搖錢樹	360 元
192	企業執行力（技巧篇）	360 元	252	營業管理實務（增訂二版）	360 元
193	領導魅力	360 元	253	銷售部門績效考核量化指標	360 元
198	銷售說服技巧	360 元	254	員工招聘操作手冊	360 元
199	促銷工具疑難雜症與對策	360 元	256	有效溝通技巧	360 元
200	如何推動目標管理（第三版）	390 元	258	如何處理員工離職問題	360 元
201	網路行銷技巧	360 元	259	提高工作效率	360 元
204	客戶服務部工作流程	360 元	261	員工招聘性向測試方法	360 元
206	如何鞏固客戶（增訂二版）	360 元	262	解決問題	360 元
208	經濟大崩潰	360 元	263	微利時代制勝法寶	360 元
215	行銷計劃書的撰寫與執行	360 元	264	如何拿到 VC（風險投資）的錢	360 元
216	內部控制實務與案例	360 元			
217	透視財務分析內幕	360 元	267	促銷管理實務〈增訂五版〉	360 元
219	總經理如何管理公司	360 元	268	顧客情報管理技巧	360 元
222	確保新產品銷售成功	360 元	270	低調才是大智慧	360 元
223	品牌成功關鍵步驟	360 元	272	主管必備的授權技巧	360 元
224	客戶服務部門績效量化指標	360 元	275	主管如何激勵部屬	360 元
226	商業網站成功密碼	360 元	276	輕鬆擁有幽默口才	360 元
228	經營分析	360 元	278	面試主考官工作實務	360 元
229	產品經理手冊	360 元	279	總經理重點工作（增訂二版）	360 元
230	診斷改善你的企業	360 元	282	如何提高市場佔有率（增訂二版）	360 元
232	電子郵件成功技巧	360 元			
234	銷售通路管理實務〈增訂二版〉	360 元	284	時間管理手冊	360 元

285	人事經理操作手冊（增訂二版）	360 元
286	贏得競爭優勢的模仿戰略	360 元
287	電話推銷培訓教材（增訂三版）	360 元
288	贏在細節管理（增訂二版）	360 元
289	企業識別系統 CIS（增訂二版）	360 元
291	財務查帳技巧（增訂二版）	360 元
295	哈佛領導力課程	360 元
296	如何診斷企業財務狀況	360 元
297	營業部轄區管理規範工具書	360 元
298	售後服務手冊	360 元
299	業績倍增的銷售技巧	400 元
300	行政部流程規範化管理（增訂二版）	400 元
302	行銷部流程規範化管理（增訂二版）	400 元
304	生產部流程規範化管理（增訂二版）	400 元
305	績效考核手冊(增訂二版)	400 元
307	招聘作業規範手冊	420 元
308	喬・吉拉德銷售智慧	400 元
309	商品鋪貨規範工具書	400 元
310	企業併購案例精華（增訂二版）	420 元
311	客戶抱怨手冊	400 元
314	客戶拒絕就是銷售成功的開始	400 元
315	如何選人、育人、用人、留人、辭人	400 元
316	危機管理案例精華	400 元
317	節約的都是利潤	400 元
318	企業盈利模式	400 元
319	應收帳款的管理與催收	420 元
320	總經理手冊	420 元
321	新產品銷售一定成功	420 元
322	銷售獎勵辦法	420 元
323	財務主管工作手冊	420 元
324	降低人力成本	420 元
325	企業如何制度化	420 元

326	終端零售店管理手冊	420 元
327	客戶管理應用技巧	420 元
328	如何撰寫商業計畫書（增訂二版）	420 元
329	利潤中心制度運作技巧	420 元
330	企業要注重現金流	420 元
331	經銷商管理實務	450 元
332	內部控制規範手冊（增訂二版）	420 元
334	各部門年度計劃工作（增訂三版）	420 元
335	人力資源部官司案件大公開	420 元
336	高效率的會議技巧	420 元
337	企業經營計劃〈增訂三版〉	420 元
338	商業簡報技巧（增訂二版）	420 元
339	企業診斷實務	450 元
340	總務部門重點工作（增訂四版）	450 元
341	從招聘到離職	450 元
342	職位說明書撰寫實務	450 元
343	財務部流程規範化管理（增訂三版）	450 元
344	營業管理手冊	450 元
345	推銷技巧實務	450 元
346	部門主管的管理技巧	450 元
347	如何督導營業部門人員	450 元
348	人力資源部流程規範化管理（增訂五版）	450 元
349	企業組織架構改善實務	450 元

《商店叢書》

18	店員推銷技巧	360 元
30	特許連鎖業經營技巧	360 元
35	商店標準操作流程	360 元
36	商店導購口才專業培訓	360 元
37	速食店操作手冊〈增訂二版〉	360 元
38	網路商店創業手冊〈增訂二版〉	360 元
40	商店診斷實務	360 元
41	店鋪商品管理手冊	360 元
42	店員操作手冊（增訂三版）	360 元

118	採購管理實務〈增訂九版〉	450 元
119	售後服務規範工具書	450 元
120	生產管理改善案例	450 元
121	採購談判與議價技巧〈增訂五版〉	450 元
122	如何管理倉庫〈增訂十版〉	450 元
123	供應商管理手冊(增訂二版)	450 元

《培訓叢書》

12	培訓師的演講技巧	360 元
15	戶外培訓活動實施技巧	360 元
21	培訓部門經理操作手冊（增訂三版）	360 元
23	培訓部門流程規範化管理	360 元
24	領導技巧培訓遊戲	360 元
26	提升服務品質培訓遊戲	360 元
27	執行能力培訓遊戲	360 元
28	企業如何培訓內部講師	360 元
31	激勵員工培訓遊戲	420 元
32	企業培訓活動的破冰遊戲（增訂二版）	420 元
33	解決問題能力培訓遊戲	420 元
34	情商管理培訓遊戲	420 元
36	銷售部門培訓遊戲綜合本	420 元
37	溝通能力培訓遊戲	420 元
38	如何建立內部培訓體系	420 元
39	團隊合作培訓遊戲(增訂四版)	420 元
40	培訓師手冊（增訂六版）	420 元
41	企業培訓遊戲大全(增訂五版)	450 元

《傳銷叢書》

4	傳銷致富	360 元
5	傳銷培訓課程	360 元
10	頂尖傳銷術	360 元
12	現在輪到你成功	350 元
13	鑽石傳銷商培訓手冊	350 元
14	傳銷皇帝的激勵技巧	360 元
15	傳銷皇帝的溝通技巧	360 元
19	傳銷分享會運作範例	360 元
20	傳銷成功技巧（增訂五版）	400 元

21	傳銷領袖（增訂二版）	400 元
22	傳銷話術	400 元
24	如何傳銷邀約（增訂二版）	450 元
25	傳銷精英	450 元

為方便讀者選購，本公司將一部分上述圖書又加以專門分類如下：

《主管叢書》

1	部門主管手冊（增訂五版）	360 元
2	總經理手冊	420 元
4	生產主管操作手冊（增訂五版）	420 元
5	店長操作手冊（增訂七版）	420 元
6	財務經理手冊	360 元
7	人事經理操作手冊	360 元
8	行銷總監工作指引	360 元
9	行銷總監實戰案例	360 元

《總經理叢書》

1	總經理如何管理公司	360 元
2	總經理如何領導成功團隊	360 元
3	總經理如何熟悉財務控制	360 元
4	總經理如何靈活調動資金	360 元
5	總經理手冊	420 元

《人事管理叢書》

1	人事經理操作手冊	360 元
2	從招聘到離職	450 元
3	員工招聘性向測試方法	360 元
5	總務部門重點工作（增訂四版）	450 元
6	如何識別人才	360 元
7	如何處理員工離職問題	360 元
8	人力資源部流程規範化管理（增訂五版）	420 元
9	面試主考官工作實務	360 元
10	主管如何激勵部屬	360 元
11	主管必備的授權技巧	360 元
12	部門主管手冊（增訂五版）	360 元

在海外出差的………
台灣上班族

愈來愈多的台灣上班族，到大陸工作(或出差)，對工作的努力與敬業，是台灣上班族的核心競爭力；一個明顯的例子，返台休假期間，台灣上班族都會抽空再買書，設法充實自身專業能力。

[**憲業企管顧問公司**]以專業立場，為企業界提供最專業的各種經營管理類圖書。

85%的台灣上班族都曾經有過購買(或閱讀)[**憲業企管顧問公司**]所出版的各種企管圖書。

尤其是在競爭激烈或經濟不景氣時，更要加強投資在自己的專業能力，建議你：

工作之餘要多看書，加強競爭力。

台灣最大的企管圖書網站
www.bookstore99.com

建立企業圖書館

當市場競爭激烈時：

培訓員工，強化員工競爭力
是企業最佳對策

「人才」是企業最大的財富。如何提升人才，是企業永續經營、戰勝對手的核心競爭力。積極培訓公司內部員工，是經濟不景氣時期的最佳戰略，而最快速的具體作法，就是「建立企業內部圖書館，鼓勵員工多閱讀、多進修專業書籍」

建議您：請一次購足本公司所出版各種經營管理類圖書，作為貴公司內部員工培訓圖書。使用率高的（例如「贏在細節管理」），準備 3 本；使用率低的（例如「工廠設備維護手冊」），只買 1 本。

給總經理的話

　　總經理公事繁忙，還要設法擠出時間，赴外上課進修學習，努力不懈，力爭上游。

　　總經理拚命充電，但是員工呢？

　　公司的執行仍然要靠員工，為什麼不要讓員工一起進修學習呢？

　　買幾本好書，交待員工一起讀書，或是買好書送給員工當禮品。簡單、立刻可行，多好的事！

經營顧問叢書 ㉞⑨　　　　　售價：450 元

企業組織架構改善實務

西元二〇二四年二月　　　　　初版一刷

編著：任賢旺　李登宏　黃憲仁

策劃：麥可國際出版有限公司（新加坡）

編輯：蕭玲

封面設計：宇軒設計工作室

校對：劉飛娟

發行人：黃憲仁

發行所：憲業企管顧問有限公司

電話：(02) 2762-2241　(03) 9310960　0930872873

電子郵件聯絡信箱：huang2838@yahoo.com.tw

銀行 ATM 轉帳：合作金庫銀行　帳號：5034-717-347447

郵政劃撥：18410591　憲業企管顧問有限公司

江祖平律師顧問：紙品書、數位書著作權與版權均歸本公司所有

登記證：行政業新聞局版台業字第 6380 號

本公司徵求海外版權出版代理商　(0930872873)

本圖書是由憲業企管顧問（集團）公司所出版，以專業立場，為企業界提供最專業的各種經營管理類圖書。

圖書編號 ISBN：978-986-369-119-8